高等职业教育"互联网+"创新型系列教材

工业网络控制技术

张葵葵　张建林　朱双华　宁金州　编著

机械工业出版社

本书先带领读者了解工业网络技术的发展脉络，再以三菱 iQ-FX、iQ-R、MELSEC-Q 系列 PLC 为主控 CPU，通过项目形式全面学习以太网通信、简单 CPU 通信、串行通信、CC-Link 通信、CC-Link IE Field 通信、CC-Link IE Control 通信、CC-Link IE TSN 通信、Modbus 通信和综合网络通信技术。每个项目从认知网络特点到网络拓扑连接，从系统构建到参数设置，从程序编写到网络诊断，这样一条循序渐进的认知主线，用任务串起每个网络通信的应用。本书采用主教材＋工作手册的形式，每个项目单元配有测试题目，有的项目还配有工作页进行实践，帮助学习者检验学习成果，了解学习的难点和重点，为后续工业网络技术应用奠定基础。

本书适用于高等职业院校工业机器人技术、电气自动化技术、智能控制技术等专业的教学，也适用于职业本科教学，还可供工程技术人员参考。

为方便教学，本书配有电子课件、电子教案、测试答案、模拟试卷及答案、配套题库、智慧职教在线课程等多种教学资源，凡选用本书作为授课教材的教师，均可通过 QQ（2314073523）咨询。

图书在版编目（CIP）数据

工业网络控制技术 / 张葵葵等编著. —北京：机械工业出版社，2024.3
（2025.2 重印）
高等职业教育"互联网+"创新型系列教材
ISBN 978-7-111-75288-2

Ⅰ.①工… Ⅱ.①张… Ⅲ.①工业控制计算机 - 计算机网络 - 高等职业教育 - 教材 Ⅳ.① TP273

中国国家版本馆 CIP 数据核字（2024）第 050624 号

机械工业出版社（北京市百万庄大街 22 号　邮政编码 100037）
策划编辑：曲世海　　　　　　责任编辑：曲世海　冯睿娟
责任校对：杨　霞　刘雅娜　　封面设计：马若濛
责任印制：邓　博
北京盛通印刷股份有限公司印刷
2025 年 2 月第 1 版第 2 次印刷
184mm×260mm・19 印张・477 千字
标准书号：ISBN 978-7-111-75288-2
定价：55.00 元

电话服务　　　　　　　　　网络服务
客服电话：010-88361066　　机 工 官 网：www.cmpbook.com
　　　　　010-88379833　　机 工 官 博：weibo.com/cmp1952
　　　　　010-68326294　　金 书 网：www.golden-book.com
封底无防伪标均为盗版　　　机工教育服务网：www.cmpedu.com

前言

新一轮科技革命和产业革命方兴未艾，工业网络技术在不断升级，影响着未来的就业市场。工业网络工程师在工业现场进行维护、更新或监控工业网络活动方面发挥着至关重要的作用。要成为优秀的工业网络工程师，必须紧跟不断变化的工业网络技术发展趋势。过去10年中工业网络应用大幅增长，各种版本存在一些混乱。面对纷繁复杂的工业网络技术，初学者会感到无从应对，不知从哪里开始学起，急需一本通俗易懂的教材来启蒙。

本书根据党的二十大精神，以"为党育人、为国育才、立德树人"为己任，突出目标导向、问题导向和效果导向，在全面评估、分析工业网络技术发展脉络的基础上，研制编写思路、明确编写内容，引领和推进工业网络技术应用。

每种工业网络协议都有其独到之处，学会一种体系，可触类旁通。本书从众多制造商品牌中选择了一种工业网络技术体系进行编写。以小型、中型和大型PLC为主控CPU进行网络设计，如iQ-FX、iQ-R、MELSEC-Q系列PLC。

本书内容涵盖工业网络三个层级中的两个层级：设备级和控制级。设备级介绍了基于串行通信的CC-Link和Modbus RTU网络技术，还有基于以太网通信的CC-Link IE Field网络技术；控制级则介绍了基于以太网通信的CC-Link IE Control和CC-Link IE TSN网络技术。

本书内容编排从底层到高层，将以太网通信、简单CPU通信、串行通信、CC-Link通信、CC-Link IE Field通信、CC-Link IE Control通信、CC-Link IE TSN通信、Modbus通信和综合网络通信等以案例方式展示实施过程，每个实践步骤都配有操作原图，每个程序都配有详细注释。

希望通过本书的学习，读者能够了解信息类OA网络与控制类FA网络之间的区别，学会根据现场需求来分析、判断、选择哪种工业网络最恰当、最经济实惠；能够学会组建工业网络，进行参数设置、编写程序和网络诊断，胜任这些被认为"难"的工作。

作者就职于长沙民政职业技术学院电子信息工程学院，长期深耕在职业教育一线，擅长将应用技术转化为教学内容，深谙如何编写更实用、更能切合实际教学的教材。本书中所有案例都经过实践验证，教材编写过程中得到三菱电机自动化（中国）有限公司大力帮助，在此表示感谢。

编著者

目 录

前言
项目 1　引入工业网络 ………… 1
　任务 1.1　认识网络的发展 ………… 1
　　1.1.1　无网络时代的信息
　　　　　传递方式 ………… 1
　　1.1.2　网络的出现与发展 ………… 1
　任务 1.2　学习信息类 OA 网络与
　　　　　控制类 FA 网络的区别 ………… 2
　　1.2.1　信息类 OA 网络的
　　　　　信息传递过程 ………… 3
　　1.2.2　信息类 OA 网络的特点 ………… 6
　　1.2.3　控制类 FA 网络的
　　　　　信息传递过程 ………… 6
　　1.2.4　控制类 FA 网络的特点 ………… 7
　　1.2.5　使用控制类 FA 网络的
　　　　　目的 ………… 8
　　1.2.6　信息类 OA 网络和控制类
　　　　　FA 网络的比较 ………… 9
　任务 1.3　了解控制类 FA 网络通信
　　　　　基本原理 ………… 9
　　1.3.1　控制类 FA 网络概览 ………… 9
　　1.3.2　控制类 FA 网络数据通信的
　　　　　基本原理 ………… 11
　　1.3.3　远距离设备与可编程控制器
　　　　　输入输出信号的接收与
　　　　　发送 ………… 13
　任务 1.4　了解控制类 FA 网络发展
　　　　　趋势 ………… 15
　　1.4.1　控制类 FA 网络与信息类
　　　　　OA 网络的融合 ………… 15
　　1.4.2　网络协议加入 CiA402
　　　　　规范 ………… 15
　　1.4.3　网络协议基于以太网上
　　　　　运行 ………… 16
　　1.4.4　MES 接口模块与云平台的
　　　　　应用 ………… 16
　　1.4.5　三菱 CC-Link 网络产品 ………… 17
　本项目小结 ………… 22
　测试 ………… 22

项目 2　以太网通信应用 ………… 25
　任务 2.1　认识以太网 ………… 25
　　2.1.1　以太网在工业现场中的
　　　　　定位 ………… 25
　　2.1.2　以太网 IP 地址规范 ………… 27
　　2.1.3　端口号规范 ………… 27
　　2.1.4　网络拓扑结构 ………… 28
　　2.1.5　分层体系结构和 OSI
　　　　　参考模型 ………… 29
　　2.1.6　TCP 和 UDP 通信协议 ………… 31
　　2.1.7　Open/Close 处理过程 ………… 31
　任务 2.2　以太网与 MELSOFT 产品
　　　　　及 GOT 的连接通信 ………… 32
　　2.2.1　以太网数据通信功能 ………… 33
　　2.2.2　连接通信设置 ………… 34
　任务 2.3　SLMP 数据通信 ………… 39
　　2.3.1　SLMP 功能概述 ………… 40

2.3.2	SLMP 功能类型 …………… 41		4.2.3	LED 名称和显示内容 ……… 81
2.3.3	通信步骤 …………………… 43		4.2.4	通信线的连接 ……………… 82
2.3.4	报文格式 …………………… 44		4.2.5	串行通信模块的
2.3.5	运行前设置和系统构建 …… 45			通信协议 …………………… 83
2.3.6	模块参数的设置 …………… 46		4.2.6	串行通信模块的设置方法 … 83
2.3.7	与对象设备的连接设置		任务 4.3	条形码读取 …………………… 84
	（SLMP 请求端） …………… 47		4.3.1	运行前的设置和步骤 ……… 85
2.3.8	与对象设备的连接设置		4.3.2	模块参数的设置 …………… 85
	（SLMP 响应端） …………… 48		4.3.3	通信协议的设置 …………… 86
2.3.9	通信协议编写 ……………… 49		4.3.4	数据包的设置 ……………… 88
2.3.10	通信确认 ………………… 53		4.3.5	创建协议的保存和写入 …… 92
2.3.11	程序编写 ………………… 54		4.3.6	专用指令和 PLC 编程 ……… 93
任务 2.4	故障排除 ……………………… 56		任务 4.4	故障排除 ……………………… 94
2.4.1	处理步骤 …………………… 56		4.4.1	报错处理 …………………… 95
2.4.2	常见故障的说明 …………… 58		4.4.2	模块诊断确认错误内容 …… 95
本项目小结	…………………………… 58		4.4.3	智能功能模块监视 ………… 96
测试	………………………………… 59		4.4.4	线路跟踪确认收发数据 …… 96
			4.4.5	协议执行记录 ……………… 96
项目 3	简单 CPU 通信应用 ……… 62		任务 4.5	变频器控制通信 ……………… 97
任务 3.1	认识简单 CPU 通信 …………… 62		4.5.1	变频器接线 ………………… 97
3.1.1	简单 CPU 通信特点 ………… 62		4.5.2	变频器的通信设置 ………… 98
3.1.2	以太网连接方法 …………… 63		4.5.3	可编程控制器 RS-485 串口
3.1.3	简单 CPU 通信连接			参数设置 …………………… 99
	常见问题 …………………… 71		4.5.4	变频器通信指令 …………… 99
任务 3.2	实施简单 CPU 通信 …………… 72		4.5.5	变频器频率输入和频率
3.2.1	1 号站 CPU 参数设置和			监控程序编写 …………… 102
	程序编写 …………………… 72		本项目小结	………………………… 103
3.2.2	2 号站 CPU 参数设置和		测试	……………………………… 104
	程序编写 …………………… 73			
本项目小结	…………………………… 75		项目 5	CC-Link 通信应用 ……… 106
测试	………………………………… 75		任务 5.1	认识 CC-Link 网络 ………… 106
			5.1.1	CC-Link 的功能 ………… 106
项目 4	串行通信应用 ……………… 77		5.1.2	CC-Link 家族与 CC-Link 的
任务 4.1	认识串行通信规格 …………… 77			定位 ……………………… 107
4.1.1	通信参数 …………………… 77		5.1.3	CC-Link 特点 …………… 107
4.1.2	通信协议 …………………… 78		5.1.4	两种数据通信方式 ……… 109
4.1.3	流控制 ……………………… 78		5.1.5	构成设备的种类 ………… 109
4.1.4	接口类型 …………………… 78		5.1.6	CC-Link 系统构成 ……… 110
4.1.5	数据分隔 …………………… 79		5.1.7	远程输入输出软元件和 CPU
任务 4.2	认识串行通信模块 …………… 80			模块软元件的关系 ……… 110
4.2.1	串行通信模块的种类 ……… 80		5.1.8	系统配置注意事项 ……… 111
4.2.2	串行通信模块各部分名称 … 81			

| 任务 5.2 学习 CC-Link 网络规格和设置 ························ 112
| 5.2.1 占用站数、站号、台数的概念 ······················ 113
| 5.2.2 硬件设置和软件设置 ······· 113
| 任务 5.3 远程输入输出 ··············· 114
| 5.3.1 远程 I/O 模块的硬件配置 ··· 115
| 5.3.2 配线 ··························· 115
| 5.3.3 添加模块 ····················· 116
| 5.3.4 主站参数设置步骤 ········· 118
| 5.3.5 网络构成的设置 ············ 119
| 5.3.6 链接软元件的分配 ········· 119
| 5.3.7 创建顺控程序 ··············· 121
| 5.3.8 确认动作 ····················· 125
| 5.3.9 根据 LED 初步诊断 ······· 125
| 5.3.10 使用工程软件详细诊断 ··· 126
| 本项目小结 ································· 127
| 测试 ··· 127

项目 6 CC-Link IE Field 通信应用 ································ 129

任务 6.1 认识 CC-Link IE Field 现场网络 ························ 129
- 6.1.1 CC-Link IE Field 现场网络地位 ··················· 129
- 6.1.2 CC-Link IE Field 网络特点 ························· 131
- 6.1.3 CC-Link IE Field 现场网络的构成 ··············· 133
- 6.1.4 CC-Link IE Field 现场网络的网络拓扑结构 ········ 133
- 6.1.5 CC-Link Field 现场网络站号与连接位置 ··········· 134
- 6.1.6 CC-Link IE Field 现场网络的循环通信 ············· 135
- 6.1.7 CC-Link IE Field 现场网络的瞬时通信 ············· 137
- 6.1.8 CC-Link Field 现场网络的设备 ····················· 138
- 6.1.9 网络参数 / 链接刷新参数的设置 ······················ 139
- 6.1.10 链接扫描时间 ··············· 140

任务 6.2 CC-Link IE Field 现场网络通信 ························ 141
- 6.2.1 主站参数设置 ··············· 142
- 6.2.2 远程 I/O 站参数设置 ····· 152
- 6.2.3 远程设备站参数设置 ····· 154
- 6.2.4 本地站参数设置 ············ 155
- 6.2.5 远程 I/O 站的监视和测试 ························· 158
- 6.2.6 远程设备站的监视和测试 ··· 160
- 6.2.7 创建 PLC 程序 ············· 163
- 6.2.8 诊断功能 ····················· 166
- 6.2.9 系统监视 ····················· 171

本项目小结 ································· 173
测试 ··· 173

项目 7 CC-Link IE Control 通信应用 ······················· 175

任务 7.1 认识 CC-Link IE Control 控制网络 ··················· 175
- 7.1.1 CC-Link IE Control 控制网络地位及特点 ········ 175
- 7.1.2 CC-Link IE Control 控制网络与 CC-Link IE Field 现场网络的区别 ············· 177
- 7.1.3 配线形态 ····················· 177
- 7.1.4 数据通信步骤 ··············· 178
- 7.1.5 链接软元件的分配方法 ··· 179
- 7.1.6 循环传送数据通信方式 ··· 180

任务 7.2 学习 CC-Link IE Control 控制网络设备构成和规格 ························ 181
- 7.2.1 网络构成 ····················· 181
- 7.2.2 网络规格和配置估算 ····· 181
- 7.2.3 管理站或常规站的设备 ··· 182
- 7.2.4 传送延迟时间 ··············· 183
- 7.2.5 模块参数 ····················· 183

任务 7.3 CC-Link IE Control 控制网络通信 ··················· 184
- 7.3.1 系统构成与规格 ············ 184
- 7.3.2 光纤电缆的连接 ············ 185

7.3.3 模块参数的设置 ………… 186
7.3.4 缩短传送延迟时间 ………… 187
7.3.5 建立管理站与常规站间的连接 ………… 187
7.3.6 通过 PLC 程序确认动作 …… 188
任务 7.4 CC-Link IE Control 控制网络诊断 ………… 189
7.4.1 信号交换内容 ………… 189
7.4.2 控制程序 ………… 190
7.4.3 动作确认 ………… 195
7.4.4 故障诊断 ………… 196
7.4.5 其他站程序的监视 ………… 198
本项目小结 ………… 200
测试 ………… 200

项目 8 CC-Link IE TSN 通信应用 ………… 204

任务 8.1 认识 CC-Link IE TSN 网络 ………… 204
8.1.1 CC-Link IE TSN 网络地位 ………… 204
8.1.2 CC-Link IE TSN 网络的特点 ………… 205
任务 8.2 CC-Link IE TSN 网络设置 ………… 207
8.2.1 站的类别和功能 ………… 207
8.2.2 可使用的设备 ………… 208
8.2.3 网络拓扑结构 ………… 208
8.2.4 通信对象设置 ………… 209
任务 8.3 CC-Link IE TSN 网络主站和远程站通信 ………… 209
8.3.1 主站和远程站启动设置 ………… 210
8.3.2 主站和远程站配线 ………… 210
8.3.3 远程站 IP 地址设置 ………… 211
8.3.4 模块配置 ………… 211
8.3.5 网络配置设置 ………… 212
8.3.6 刷新设置 ………… 212
8.3.7 连接确认 ………… 214
8.3.8 程序和动作确认 ………… 214
8.3.9 网络诊断 ………… 215

任务 8.4 CC-Link IE TSN 网络主站和本地站通信 ………… 216
8.4.1 循环传输的数据更新 ……… 216
8.4.2 启动设置 ………… 217
8.4.3 主站和本地站配线 ………… 217
8.4.4 模块配置 ………… 217
8.4.5 站类型和 IP 地址设置 …… 218
8.4.6 网络配置设置 ………… 218
8.4.7 刷新设置 ………… 219
8.4.8 连接确认 ………… 220
8.4.9 程序和动作确认 ………… 221
本项目小结 ………… 221
测试 ………… 222

项目 9 Modbus 通信应用 ………… 224

任务 9.1 认识 Modbus 应用背景 ………… 224
9.1.1 Modbus 和 RS-485 的重要性 ………… 224
9.1.2 Modbus 协议的历史 ……… 225
9.1.3 对 Modbus 和 RS-485 的常见误解 ………… 225
9.1.4 RS-485 的历史 ………… 226
9.1.5 Modbus RTU 与 Modbus TCP/IP 通信区别 ………… 226
任务 9.2 模拟 Modbus 协议 ………… 227
9.2.1 OSI 模型 ………… 228
9.2.2 请求与应答处理 ………… 228
9.2.3 协议帧格式及功能代码 …… 229
9.2.4 查询-响应循环模拟 ……… 230
任务 9.3 Modbus 通信 ………… 236
9.3.1 搭建系统 ………… 236
9.3.2 第 1 个通信协议制作 ……… 238
9.3.3 第 2 个通信协议制作 ……… 240
9.3.4 协议详细设置 ………… 242
9.3.5 协议另存和模块写入 ……… 242
9.3.6 程序编写 ………… 243
本项目小结 ………… 244
测试 ………… 244

项目 10 综合网络应用 ················ 246

任务 10.1 构建自动化仓库堆垛机
三轴控制系统网络 ········ 246
   10.1.1 1∶N 混合网络系统构建 ··· 247
   10.1.2 CC-Link IE Field Basic
网络设置 ················ 249
   10.1.3 与距离测量仪器的通信
设置 ···················· 251
   10.1.4 通信协议支持功能的
设置 ···················· 253

任务 10.2 构建陶瓷厂设备监控
多网络系统 ··················· 254
   10.2.1 系统配置 ················ 255
   10.2.2 配线 ···················· 256
   10.2.3 参数设置 ················ 256
   10.2.4 程序编写 ················ 259
本项目小结 ······················· 261
测试 ······························· 261

参考文献 ···························· 262

项目 1
引入工业网络

项目引入

工业互联网不是工业的互联网,而是工业互联的网。它是把工业生产过程中的人、数据和机器连接起来,使工业生产流程数字化、自动化、智能化和网络化,实现数据的流通,提升生产效率,降低生产成本。工业互联网支持 300 多种常见的协议转换,可以与各种设备仪表进行通信,是设备互联的利器。如果你正打算开发一个工业生产线,如何选择工业网络产品才能带来最成功的结果?本项目将带你了解工业网络的来龙去脉,希望你能学到足够多的知识,做出明智的选择。

任务 1.1 认识网络的发展

任务描述

古代人们是通过烽火台、飞鸽、鱼传尺素、风筝、驿站、竹筒等传递信息,到了近代还没出现网络时,人们通过电话、电报和传真等传递信息,引进网络后,工作方式发生了怎样变化?本任务带领大家对比有网络时代与无网络时代工作方式的差别。

知识学习

1.1.1 无网络时代的信息传递方式

信息既包括联系我们身边每个个人的信息,也包括组织、公司等运营时的重要信息。怎样让这些信息顺利流通、传递,让大家一起共享?为此有着各种各样的信息传递方式,如图 1-1 所示。

1)个人与个人的信息传递方式有会话、信件、电话、传真等。

2)个人与集团的信息传递方式有演说、会议、布告牌、收音机、电视机等。

图 1-1 信息传递方式

1.1.2 网络的出现与发展

近年来,将计算机等信息设备用通信回路连接在一起,用于互相传递信息的通信网络进入了人们的日常生活。随着网络的迅速普及,传统的信息传递手段发生了很大变化,如今，我们可以通过手机或者计算机随时浏览世界上的各种信息。在此，我们看看网络的引进给公司业务带来的变化，如图1-2所示。

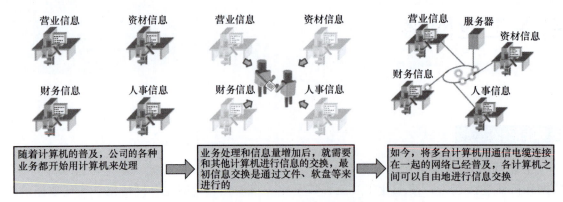

图1-2 网络的引进给公司业务带来的变化

下面看一下引进网络后，我们的工作方式发生了哪些变化？

引进网络前：

1）部门内部或部门之间的信息传递通过口头会话、会议、文件、电话等进行。

2）与距离较远的办事处或顾客之间的信息传递通过信件、电话、传真等进行。

3）部门内部的共享信息采用文件、账簿、票据等纸质媒介，检索和查阅费时费力。此外，还需要用文件夹等来保存大量文件。

引进网络后：

1）公司内外的信息传递可以采用电子邮件等，在必要的时候传递必要的信息。

2）部门内部的共享信息保存在服务器中，无论是谁都可以在必要的时候通过网络获得需要的信息。

3）各部门人员都配备了计算机，这些计算机通过网络连接在一起，业务处理、工作指示、报告等信息传递全部通过网络进行。这样一来，部门的工作效率以及无纸化办公等都得到了有效改善。

任务1.2 学习信息类OA网络与控制类FA网络的区别

任务描述

引入网络后，办公网络出现了信息类OA（Office Automation，办公自动化）网络和控制类FA（Factory Automation，工厂自动化）网络，两种网络的应用场景有什么区别呢？各自特点如何？本任务通过展示OA网络和FA网络的工作过程，带大家了解两个网络的区别和各自特点。

知识学习

网络可以分为两种：第一种是用通信回路将公司内部的计算机连接在一起，以办公室业务的高效化为目的的信息类OA网络；第二种是用通信回路将工厂内部的生产设备、装置等连接在一起，以生产的自动化、高效化为目的的控制类FA网络。

1.2.1 信息类 OA 网络的信息传递过程

信息类 OA 网络是指将公司事务部门（处理人事、财务、经营、资产等工作）、技术部门（处理设计等工作）的计算机、服务器以及打印机等 OA 设备用通信回路连接在一起的网络，如图 1-3 所示。它可以通过服务器实现信息的管理与共享以及各种 OA 设备的共用等，从而提高各个部门的业务效率。作为处理公司业务的信息基础设施，信息网络是不可或缺的。

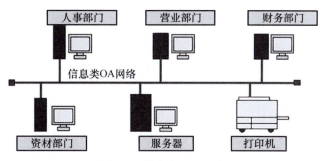

图 1-3 信息类 OA 网络

目前，信息类 OA 网络已经广泛渗透进我们的日常社会生活，比如通过因特网（Internet）浏览主页、发送电子邮件等，三菱公司官网的"e-Learning"也是借助于信息类 OA 网络进行的。信息类 OA 网络的信息传递相当于"个人与个人的信息传递"。信息的传递开始于数据要求者向信息交换的对方发送索取数据的信息，信息交换的对方对此应答并向数据要求者传送数据，其基本原则是要求者与对方之间一对一进行数据交换，如图 1-4 所示。网络中的成员可以随时与对方交换数据，但数据的交换一旦开始，直至其结束之前其他的成员将无法通信。也就是说，先开始通信的成员具有优先权。

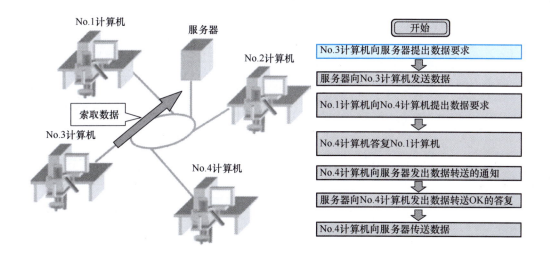

a)

图 1-4 信息类 OA 网络数据通信过程

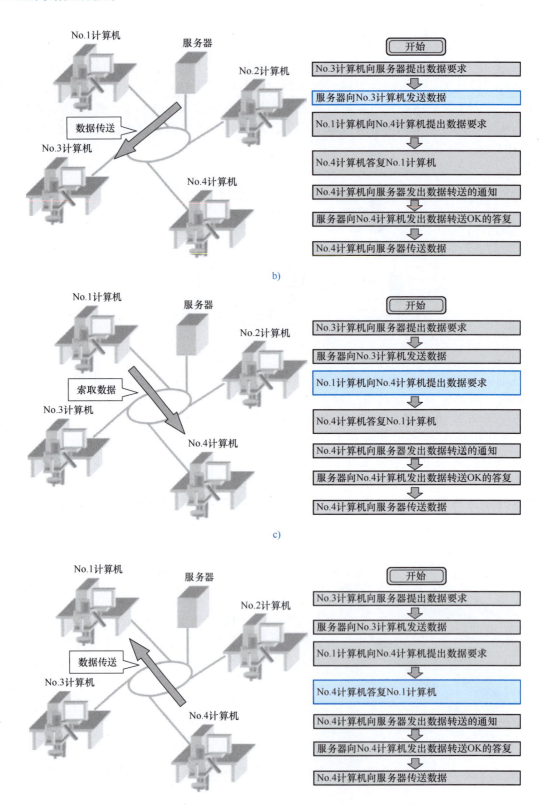

图 1-4 信息类 OA 网络数据通信过程（续）

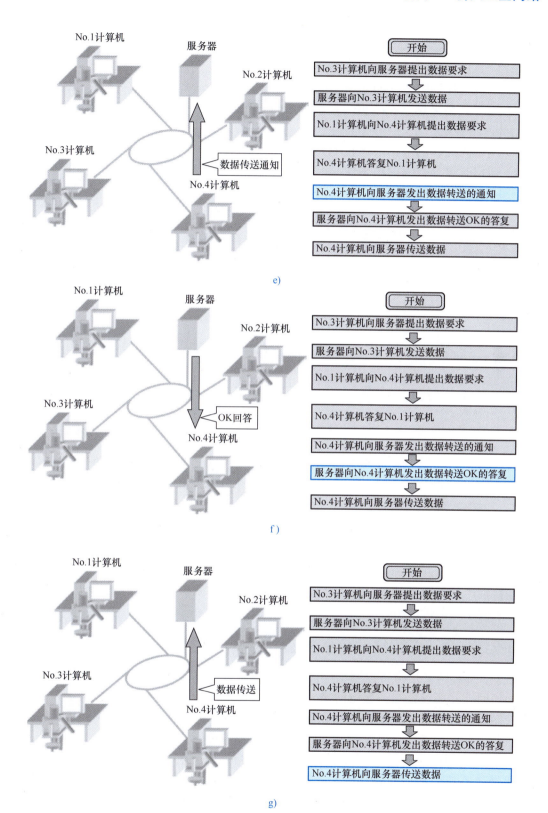

图 1-4 信息类 OA 网络数据通信过程（续）

1.2.2　信息类 OA 网络的特点

信息类 OA 网络的特点如下：

1）一般为计算机之间的互相连接。

2）网络规格采用已在全世界普及的 Ethernet，Ethernet 是美国 Xerox 公司和 DEC 公司推出的网络规格。

3）网络内处理的数据量比较庞大。

4）通信时追求数据的正确性，但允许通信时间长短不一。

图 1-5 所示为典型的信息类 OA 网络。

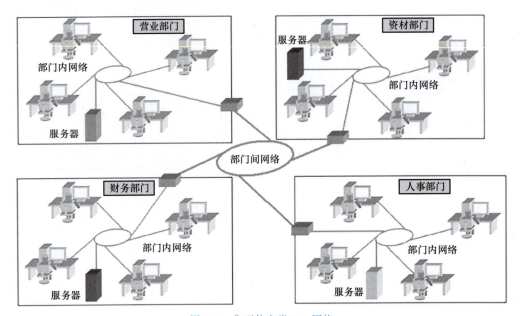

图 1-5　典型信息类 OA 网络

以 LAN（Local Area Network，局域网）为代表的信息系统网络，完成的是时间上要求不是特别严格的数据请求，根据线路状况会出现无法获得数据的情况。但工业网络所需的特性不同于一般的 LAN。

1.2.3　控制类 FA 网络的信息传递过程

控制类 FA 网络是指将控制工厂机械设备和装置的可编程控制器以及其他各种控制器等用通信回路互相连接在一起的网络。它可以在构成生产系统的各种机械设备和装置之间传递控制信息，实现生产的自动化和省力化，如图 1-6 所示。此外，该网络还能对整个系统的生产情况进行统计，对设备的运行状态、故障等进行监控。

控制类 FA 网络中的信息传递相当于"个人与集团的信息传递"。信息传递的方式为各个机械装置按照顺序在各自的写入区域内写入数据，再由网络内的其他机械读取，如图 1-7 所示。如果借助信息类 OA 网络来形容，可以将控制类 FA 网络理解为无论哪一个网络成员都可以书写或阅览因特网布告牌。

项目 1　引入工业网络

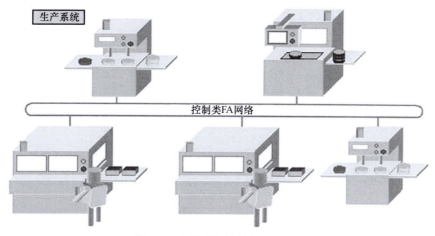

图 1-6　生产系统控制类 FA 网络

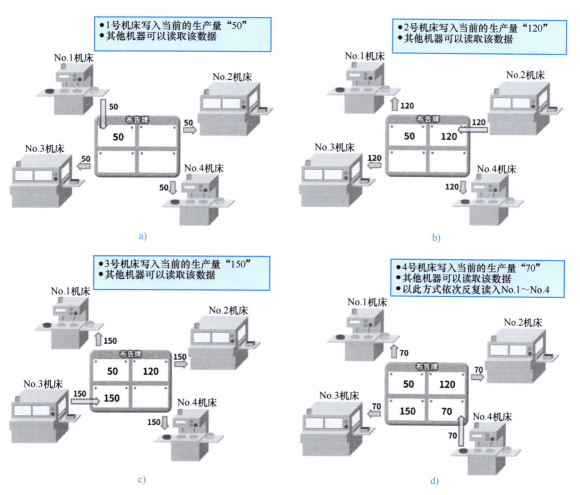

图 1-7　控制类 FA 网络信息传递过程

1.2.4　控制类 FA 网络的特点

控制类 FA 网络的特点如下：

1)网络的成员基本以控制工厂生产系统内机械设备和各种装置的可编程控制器为主。
2)网络规格主要采用可编程控制器厂家提供的网络产品。
3)信息交换在生产系统运行期间按一定周期反复进行,保证数据的定时性(同期)。

图 1-8 所示为控制类 FA 网络的构成示例。

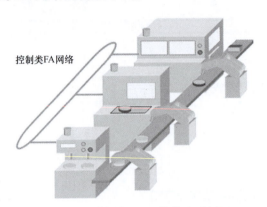

图 1-8 控制类 FA 网络构成示例

1.2.5 使用控制类 FA 网络的目的

使用控制类 FA 网络的目的大致分为以下两个,要结合应用的特性选择最合适的构成。

1)在控制器分散控制情况下实现信息共享。如图 1-9 所示,通过网络连接分散的设备(控制器),共享可编程控制器系统之间的信息,提高自动化系统的灵活性、扩展性和可维护性。

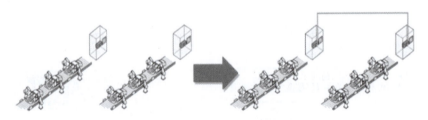

图 1-9 控制类 FA 网络实现信息共享

2)远程 I/O 的分散控制。单纯延长输入输出线会受到干扰的影响,引起故障。而且,粗大的输入输出线捆绑在一起会很笨重。若使用网络远程传送输入输出状态,则可以消除干扰的影响和避免笨重的配线,这就是远程 I/O。远程 I/O 系统中,顺控程序位于一个 CPU 模块中,容易找到故障位置,系统构建成本相对较低。单纯延长接线方式与使用远程 I/O 系统的比较如图 1-10 所示。

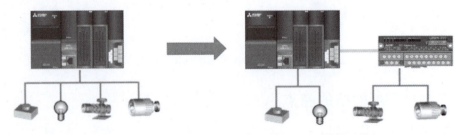

图 1-10 单纯延长接线方式与使用远程 I/O 系统的比较

1.2.6 信息类 OA 网络和控制类 FA 网络的比较

信息类 OA 网络和控制类 FA 网络的比较见表 1-1。

表 1-1 信息类 OA 网络与控制类 FA 网络的比较

项目	信息类 OA 网络	控制类 FA 网络
目的	办公室业务的高效化、省力化	生产系统的自动化、省力化
连接的设备	计算机、OA 设备	可编程控制器、各种控制器
信息交换的时期	必要时随时进行	按照一定周期连续进行
传送的数据量	大容量	小容量
网络规格	Ethernet	各厂家可编程控制器的网络规格

◀◀ 任务 1.3　了解控制类 FA 网络通信基本原理 ▶▶

任务描述

工业用控制类 FA 网络如何进行数据通信呢？特别是对于远距离设备的信号如何进行接收和发送呢？本任务带领大家了解网络数据通信的基本原理，对远距离设备与可编程控制器输入输出信号的接收与发送工作过程进行概述，让大家初步了解工业用控制类 FA 网络的基本通信过程。

知识学习

1.3.1　控制类 FA 网络概览

构成生产系统的各种机械设备和装置，大多采用可编程控制器进行控制。控制类 FA 网络的构成成员一般以控制各种机械设备的可编程控制器为主，图 1-11 所示为控制类 FA 网络的构成举例。

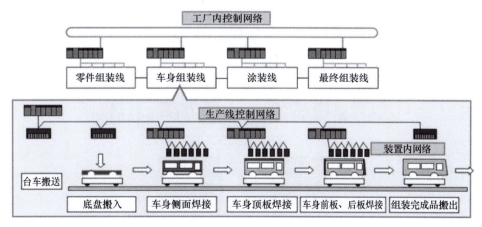

图 1-11　控制类 FA 网络的构成举例

搭建控制类 FA 网络，实现对多台机械设备的生产进行集中控制。将原本由各台机械设备的可编程控制器处理的控制信息和生产信息集中起来，对整个生产系统进行集中控制，于是，将各台机械设备的可编程控制器互相连接起来的网络得到了应用。在生产系统集中控制模式下，各台机械设备的可编程控制器根据系统中央可编程控制器的指示和控制信号进行联动。图 1-12 所示是由 3 台机械设备构成的可编程控制器网络的简单示例。

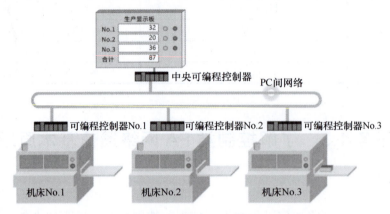

图 1-12　3 台机械设备构成的可编程控制器网络

可编程控制器网络的特点如下：

1）通过网络将原本由各台机械设备的可编程控制器分散进行的处理集中起来，对整个系统进行控制。

2）连接在网络上的可编程控制器内需要具备 CPU 单元。

3）网络内的多台可编程控制器可以将处理分散进行，因此可以减轻 1 台可编程控制器上的集中负荷。

4）可编程控制器按照各自的顺控程序动作，对生产情况进行统计、监控。

5）适用范围广，既可用于由一组网络构成的小型系统，也可用于跨越多个网络的大规模生产系统。

图 1-13 所示为连接两层网络的多网络系统构成示例。

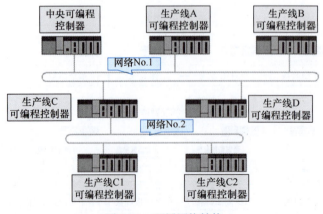

图 1-13　两层网络结构

1.3.2 控制类 FA 网络数据通信的基本原理

以顺控程序的触点、线圈的通信为例，连接在同一网络上的可编程控制器发出 ON/OFF 信号时，将立即被传送到其他可编程控制器。可编程控制器网络使用可编程控制器的软元件（触点、线圈、数据寄存器等）来进行数据的传递。比如某一可编程控制器使软元件"B0"为 ON 时，其他可编程控制器也能同时确认"B0"为 ON，如图 1-14 所示。也就是说，网络内的可编程控制器可以通过同一个软元件实现信号和数据的共享。

软元件是指为保存顺控程序运算中所处理的信号和数据，而设置在 CPU 单元内的存储器，包括输入继电器、输出继电器、内部继电器、链接继电器和数据寄存器等。

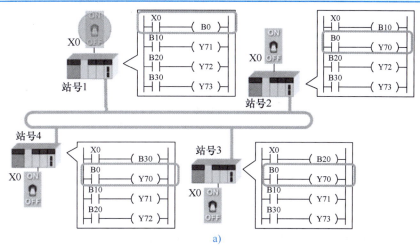

a)

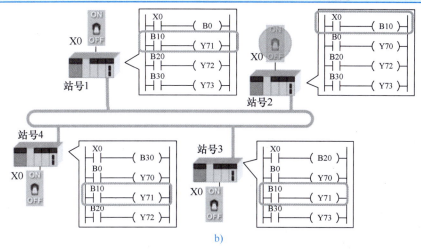

b)

图 1-14 控制类 FA 网络数据通信的基本原理

请将站号3可编程控制器的开关"X0"置于ON/OFF。此时,站号3可编程控制器的线圈"B20"呈ON/OFF状态被传送。站号1、2、4可编程控制器的触点"B20"和与触点相连的线圈呈ON/OFF状态

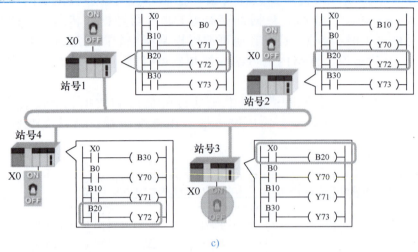

c)

请将站号4可编程控制器的开关"X0"置于ON/OFF。此时,站号4可编程控制器的线圈"B30"呈ON/OFF状态被传送。站号1、2、3可编程控制器的触点"B30"和与触点相连的线圈呈ON/OFF状态

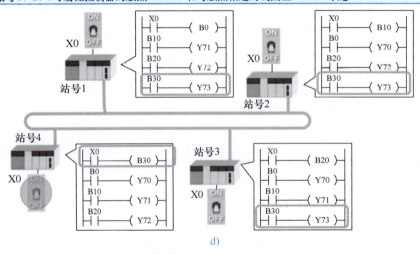

d)

图1-14 控制类FA网络数据通信的基本原理(续)

站号1的可编程控制器将自身传送领域内的软元件信号传送至网络,此时站号2~站号4的可编程控制器将一起接收该软元件B0信号。如此,网络内的各个可编程控制器按照站号1→站号2→站号3→站号4→站号1…的顺序轮流进行信号传送。同时,按照一定时间间隔轮流进行信号传送也保证了控制类FA网络不可或缺的数据定时性,这种通信方式称为"循环传送"。

"循环传送"无需通信用的用户程序,只需设置好网络参数,通信即自动进行,且每个可编程控制器都有一个对应的存储区域用于传送,如图1-15所示。

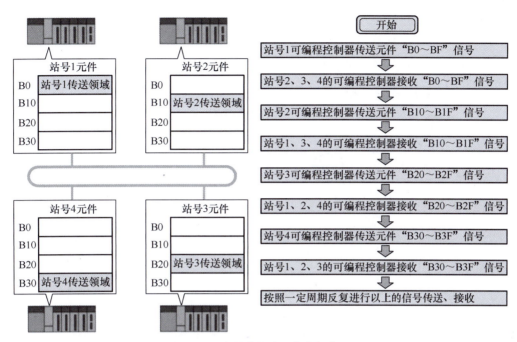

图 1-15　大量信号在设备内部传送

1.3.3　远距离设备与可编程控制器输入输出信号的接收与发送

为了将众多的信号传送至机械设备和装置的每个部位，需要将大量的信号线设置在机械设备内部，如图 1-16 所示。如此一来，配线作业和配线的维护保养就需要耗费大量的时间。

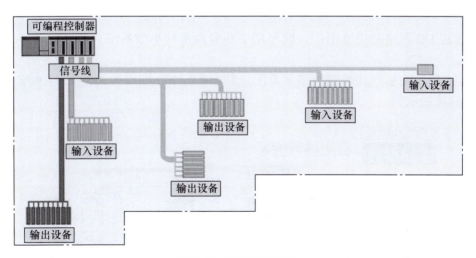

图 1-16　旧的配线方式

为了改善这一状况，目前人们广泛采用的方式是在分布于机械设备各处的传感器或驱动器设置输入输出单元，使用通信电缆将可编程控制器与各个输入输出单元之间连接起来，对输入输出信号进行集中传送。分布在机械设备和装置各处的输入输出设备与主站可编程控制器之间即可进行输入输出信号的传递，如图 1-17 所示。

上述连接可编程控制器与输入输出单元的网络称为远程 I/O 网络。此外，在远离可编程控制器之处设置的输入输出单元称为远程 I/O 单元。

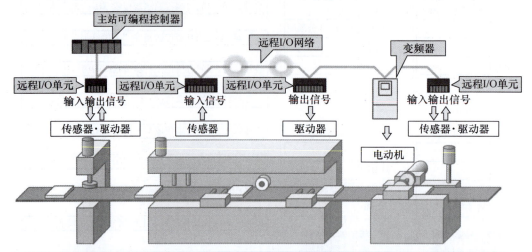

图 1-17 主站通过电缆与远程 I/O 单元通信

远程 I/O 网络的特点如下：

1）可以将输入输出单元分散设置在机械设备的任意部分。

2）仅需 1 根通信电缆即可将主站可编程控制器与多个远程 I/O 单元连接在一起，节省配线和空间。

3）远程 I/O 单元与外部设备之间的输入输出信号传递按照主站可编程控制器的顺控程序进行。

4）远程 I/O 网络适用范围广，既可用于装置内部的小型系统，也可用于小规模生产线的控制。

图 1-18 所示为生产线控制网络示意图，其中远程 I/O 模块外置。图 1-19 所示为装置内置网络的接线示例。

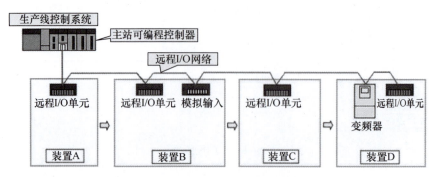

图 1-18 生产线控制网络示意图

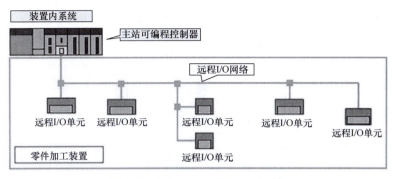

图 1-19 装置内置网络的接线示例

◀◀ 任务 1.4　了解控制类 FA 网络发展趋势 ▶▶▶

任务描述

工业网络未来 10 年会往哪个方向发展呢？下面带领着大家了解工业网络发展趋势。

知识学习

工业网络技术在不断变化，工业网络技术是经济增长和发展的关键驱动力，工业网络技术革命影响未来的就业市场。工业网络工程师在维护、更新和监控工业网络活动方面发挥着至关重要的作用，未来的工业网络工程师必须响应不断变化的网络发展趋势。以三菱产品为例，工业网络发展趋势有 3 个特征：IT（Information Technology，信息技术）和 OT（Operational Technology，操作技术）正走向融合、工业现场总线向工业以太网演进、工业无线技术加速发展。

1.4.1　控制类 FA 网络与信息类 OA 网络的融合

从接收订单直至产品交付，通过网络对工厂的整个生产活动进行集中管理、控制的综合生产系统受到了人们的瞩目。要构建综合生产系统，就必须在处理订单信息、设计信息、生产管理信息等的计算机与控制生产系统的可编程控制器之间实现信息的相互传递。此外，还可以通过因特网与国内外的分公司、生产基地等相连，通过信息类 OA 网络对公司的营业、产品开发、制造、出厂、物流等全部生产活动进行集中管理、控制，利用控制类 FA 网络对工厂生产线和设备的动作进行远程监控，如图 1-20 所示。总之，跨越信息类 OA 网络和控制类 FA 网络界限的网络间融合正在不断进步。

1.4.2　网络协议加入 CiA402 规范

目前有工业网络协议加入到电气驱动的国际标准配置文件 CiA402（CiA 指 CAN in Automation，CAN 总线自动化）规范中，比如 EtherCAT（Ether Control Automation Technology，以太网控制自动化技术）、Ethernet/IP、CC-Link IE TSN 等。三菱公司很多网络协议也是基于 CiA402 规范开发的。CiA402 规范中规定了专门的属性序号，称为对象。所有对象的合集称为对象字典。对象中有规定固定含义的编号，也有分配给各个厂商自己定义的对象编号。

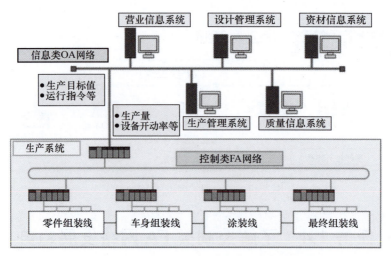

图 1-20　信息类 OA 网络与控制类 FA 网络的融合

1.4.3　网络协议基于以太网上运行

许多流行的串行协议已更新为在以太网上运行，如图 1-21 所示。为什么要迁移到以太网？因为网络速度更快、节点更多，同一网络上可以采用混合协议，如图 1-22 所示。

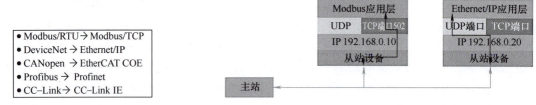

图 1-21　网络协议向基于以太网上运行发展　　　　图 1-22　不同协议混合使用

EtherCAT 是一个开放架构，是以以太网为基础的现场总线系统。EtherCAT 是确定性的工业以太网，最早是由德国的 Beckhoff 公司研发的。

Profinet 是针对工业应用需求，由德国西门子公司于 2001 年发布的协议。它是将原有的 Profibus 与互联网技术结合形成的网络方案，规定了现场总线和标准以太网之间的开放、透明通信。Profinet 采用标准 TCP/IP+ 以太网作为连接介质，采用标准 TCP/IP 加上应用层的 RPC/DCOM 来完成节点间的通信和网络寻址。它可以同时挂接传统 Profibus 系统和新型的智能现场设备。

关于 Modbus 和 CC-Link 的详细解释见后续项目内容。

1.4.4　MES 接口模块与云平台的应用

与传统计算机连接网关相比，使用 MES（Manufacturing Execution System，制造执行系统）接口模块可实现直接与数据库连接，不需要网关，使用向导式专用设置工具配置该模块，非常简单，不需要任何编程，可自动生成 SQL 语句。当发生用户定义的触发条件时，通过 SQL 文本读取和传输指定的数据。与基于轮询架构的传统解决方案相比，这种事件驱动的通信方法减少了网络负载。MES 接口模块改进数据库连接方式如图 1-23 所示。

项目 1　引入工业网络

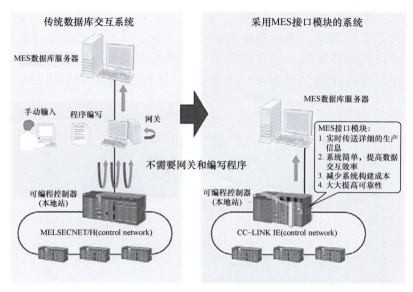

图 1-23　采用 MES 接口模块的系统与传统方案比较

基于云的 MES 融合了两个方面，将 MES 接口模块的强大功能带到了云平台上。通过将 MES 接口模块迁移到云端，制造商可以享受云计算的灵活性和 MES 接口模块的强大控制功能，从而在世界任何地方都可以对车间进行实时跟踪和分析。基于云的 MES 技术仍是一个相当新的领域，没有可遵循的标准或既定的最佳实践。

图 1-24 所示为三菱高速、大容量的数据通信系统，也采用了基于云的 MES 融合解决方案。利用 MELSEC iQ-R CPU 和 MES 模块的组态，通过 CC-Link IE TSN 快速网络高速处理来自不同流程的油漆数据。各种数据传输到主控制器，云平台 IT 系统利用边缘计算 MELIPC 设备高速处理数据，实现生产现场的 FA 系统和 IT 系统的数据库互相协同。

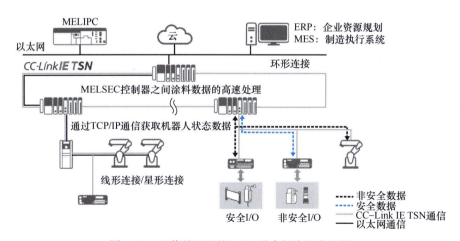

图 1-24　三菱基于云的 MES 融合解决方案示例

1.4.5　三菱 CC-Link 网络产品

三菱 CC-Link 网络产品与 CLPA 协会有关，该协会成立于日本，并以亚洲为中心在全球 10 个地区设立了分支机构。协会致力于 CC-Link 工业网络在全球范围的普及推广，为了工厂设备控制，满足设备管理、设备维护、数据收集功能实现整体最优化这一新的需求，发布了基于以太网的整合网络"CC-Link IE"，从设备厂商的兼容产品开发到用户的工厂自动化系统构筑，协会都将提供支持。三菱电动机可编程控制器支持的网络十分丰富，无论什么网络标准，均可轻松地与各种生产设备连接。三菱公司目前应用的 CC-Link 网络产品层级如图 1-25 所示，实现了上层信息系统和下层现场系统之间的无缝通信。

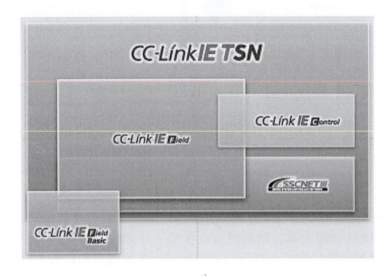

a)

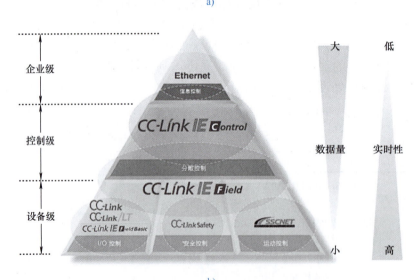

b)

图 1-25 三菱 CC-Link 网络产品层级关系

工业网络分三个层级：设备级、控制级和企业级。把它们看成一个金字塔：设备级位于金字塔的底部，包含现场设备、传感器和执行器；接下来是控制级，包括机器人、PLC、HMI 和 SCADA；最后，金字塔的顶端是企业级，由更高级别的软件应用程序组成，这些应用程序为其他两层的组件规划和制定任务。

1. 设备级

设备级内有三种类型的网络：传感器总线、设备总线和现场总线。

1）传感器总线是最不复杂的网络，数据大多以比特传输，一根网线可以连接多个现场设备，例如限位开关和光学传感器。传感器总线还可以通过同一根电缆将输出信号传输到指示灯、警报器或其他执行器。设备总线通过将多个传感器和执行器连接在一起，可以在更大的范围内工作。

2）设备总线连接变频驱动器等电动机控制设备。CC-Link 属于设备级控制，基于串行通信，适用于速度达 10Mbit/s 的小型设备网络，如传感器网络、变频器和机器人等，是作为低成本的选项，不适用于协调运动控制或大量数据的场景。CC-Link IE Field Basic 基于以太网，也属于设备级控制，如与传感器、阀组或变频器的通信与控制等，无法执行协调运动控制，使用 CAT 5e 或 CAT 6 电缆进行设备级通信，可以与标准企业级交换机和硬件在网络上共存，是不确定性通信，从数据包到数据包的时间可能会根据网络流量而变化。CC-Link IE Field 也是基于以太网，使用 CAT 5e 或 CAT 6 电缆进行设备级通信，不能与标准企业级网络共存，必须将其分离到仅运行 CC-Link IE Field 设备的网络，使用基于令牌的网络，用于高速、确定性通信，适用于伺服运动、工业机器人通信和确定性的远程 I/O 通信。

3）现场总线是一组协议，可将多个设备连接到单个工业网络，从而实现实时控制和监控，如 Modbus RTU、Modbus TCP。

2. 控制级

控制级是可编程逻辑控制器（PLC）、人机界面（HMI）、监控和数据采集系统（SCADA）用户界面以及其他高级设备（如视觉系统、工业机器人和运动控制器）的领域。这些网络是工厂车间最先进的网络，数据通信速度很快。在控制级流动的主要信息类型是源代码、程序、参数和来自高级设备的数据。还有许多智能仪器，如相机和先进的视觉系统，能够进行复杂的操作，可以连接到控制级。CC-Link IE Control 基于以太网，使用光纤布线进行设备间控制级通信，属于能处理大量数据的高速网络，用在大型系统（例如同一制造车间的不同制造单元）之间同步数据。

工业网络向工业以太网演进，无线技术加速发展。许多底层协议已更新为在以太网上运行，迁移到以太网，网络速度更快、节点更多，同一网络上可以采用混合协议。为此出现 CC-Link IE TSN 最新的网络技术，该网络在标准铜质以太网上工作，使用 CAT 6 电缆，在确定性网络上提供设备之间的实时通信，使用分时技术而不是基于令牌的系统，允许比 CC-Link IE Field 更高的速度协调运动控制。如果使用正确的以太网交换机，可以与同一网络上的标准企业级流量共存，且 VFD、伺服电动机和高速检测相机等设备都可以在同一网络上共存，并实现以前无法达到的通信速度。

CC-Link IE TSN 继承了 CC-Link IE Field 现场网络的简易诊断、CC-Link IE Control 控制网络的大容量数据通信以及 SSCNET 的高性能运动控制功能，成为一个开放式集成网络。通过引入 TSN（Time-Sensitive Networking，时间敏感网络）技术，支持 TCP/IP 通信，利用 TSN 实时通信技术实现从车间系统到 IT 系统的实时数据采集，如图 1-26 所示。因其工业架构的灵活性和故障排除功能，CC-Link IE TSN 成为制造企业构建 IIoT（Industrial Internet of Things，工业物联网）基础设施的理想选择。

SLMP 只是使用消息传递协议，它是在设备之间来回传输的数据包结构，实现了上层信息系统和下层现场系统之间的无缝通信。

图 1-27 所示为几种 CC-Link 网络的组合应用。CC-Link IE Control 控制网络采用环形网络，连接生产现场 PLC、HMI 与办公 PC。

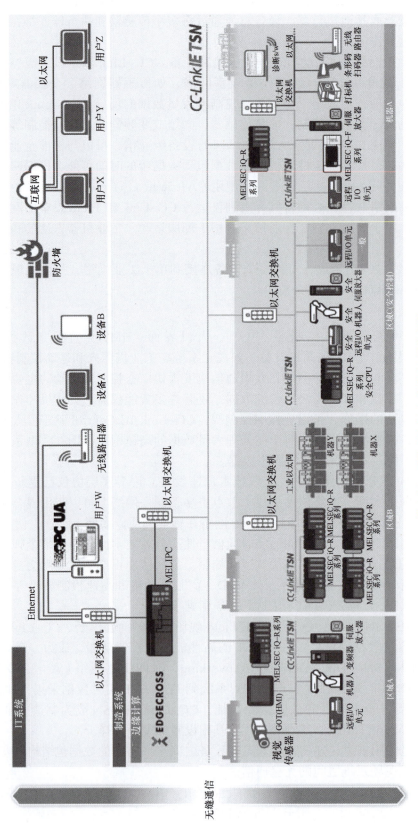

图 1-26 三菱 CC-Link IE TSN 网络应用

项目 1 引入工业网络

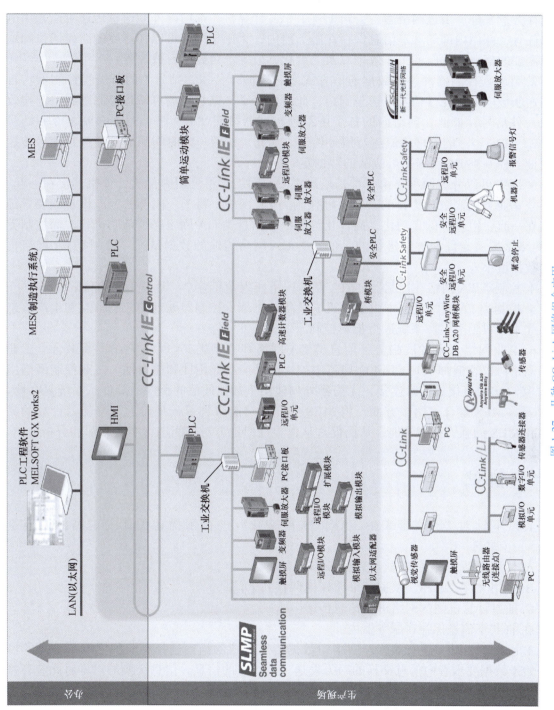

图 1-27 几种 CC-Link 网络组合应用

本项目小结

1. 引进网络前，公司部门内部或部门之间的信息传递费时费力，还需要用文件夹等来保存大量文件。引进网络后，公司配备了个人计算机，部门内外的信息传递可以采用电子邮件等，部门内部的共享信息保存在服务器内，无论是谁都可以在必要的时候通过网络获得需要的信息，部门的工作效率以及无纸化办公等都得到了有效改善。

2. 可编程控制器网络的数据通信方式之一是循环传送，站号1的可编程控制器将自身传送领域内的软元件信号传送至网络，此时站号2～站号4的可编程控制器将一起接收该软元件信号，如此，网络内的各个可编程控制器按照站号1→站号2→站号3→站号4→站号1→……的顺序轮流进行信号传送。如此，按照一定时间间隔轮流进行信号传送也保证了控制类FA网络不可或缺的数据定时性。

3. 网络可以分为两种：第一种是信息类OA网络，将公司内部的计算机连接在一起，以办公室业务的高效化为目的；第二种控制类FA网络，将工厂内部的生产设备和装置等连接在一起，以生产的自动化、高效化为目的。信息类OA网络必须随时进行，而控制类FA网络是按一定周期连续进行的。信息类OA网络传输的数据量大，控制类FA网络传输的数据量小。

4. 控制类FA网络在控制器分散控制情况下实现信息共享、远程I/O的分散控制。

5. 控制类FA网络将原本由各台机械设备的可编程控制器处理的控制信息和生产信息集中起来，对整个生产系统进行集中控制。

6. 工业网络未来发展趋势：信息类OA网络和控制类FA网络正在不断融合。工业控制网络协议普遍加入到CiA402规范中，提高了产品通用性和兼容性。工业控制网络用MES接口实现直接数据库连接，无需额外创建用于数据通信的程序，降低了系统复杂性。基于云的MES融合了两个方面，将MES的强大功能带到了云平台上，享受云计算的灵活性和MES的强大控制功能，从而促进从世界任何地方对车间进行实时跟踪和分析。

测试

1. 以下针对"网络带来的工作方式的变化"进行了描述，其中正确的内容是（　　）。（多选）
   A. 使用电话，传真等进行信息传递。
   B. 使用文件、账簿、票据等纸质媒体保存共享信息。
   C. 通过计算机间的网络进行信息传递。
   D. 将共享信息保存在服务器内。

2. 请在下列针对信息类OA网络中数据传送方式的描述选择相应的选项。信息的传递开始于数据要求者向信息交换的对方发送（　　）的信息，信息交换的对方对此应答并向（　　）传送数据。
   A. 索取数据　　B. 开始信号　　C. 服务器　　D. 要求者

3. 请对下列针对控制类FA网络中数据传送方式的描述选择相应的选项。信息传递的方式为各个机械装置（　　）在各自的写入区域内写入数据，再由网络内的其他机械装置读取，只要是网络成员（　　）都可以书写阅览。

A. 按照顺序　　　B. 在必要时　　　C. 无论谁　　　D. 在规定的时间内

4. 以下描述中，(　　)属于信息类 OA 网络。(多选)

A. 一般为计算机(个人计算机等)之间的互相连接。

B. 信息交换在生产系统运行期间按一定周期反复进行，保证数据的定时性(同期)。

C. 信息传递一般为信息要求者与对方之间的 1 对 1 通信。

D. 网络的成员基本以控制机械设备和各种装置的可编程控制器为主。

E. 网络规格采用已在全世界普及的 Ethernet。

5. 以下描述中，(　　)属于控制类 FA 网络。(多选)

A. 一般为计算机(个人计算机等)之间的互相连接。

B. 信息交换在生产系统运行期间按一定周期反复进行，保证数据的定时性(同期)。

C. 信息传递一般为信息要求者与对方之间的 1 对 1 通信。

D. 网络的成员基本以控制机械设备和各种装置的可编程控制器为主。

E. 网络规格采用已在全世界普及的"Ethernet"。

6. 请在下列针对可编程控制器网络构成图(见图 1-28)的描述的括号内选择相应的选项。

站号 1 可编程控制器的开关"X0"变为 ON 时，(　　)"B0"即为 ON。

与此同时，站号 2 可编程控制器的(　　)"B0"为 ON，线圈(　　)变为 ON。

站号 2 可编程控制器的开关"X0"变为 ON 时，线圈(　　)即为 ON。

与此同时，站号 1 可编程控制器的触点(　　)为 ON，线圈 Y70 变为 ON。

A. 触点　　　B. 线圈　　　C. B0　　　D. Y70　　　E. B100

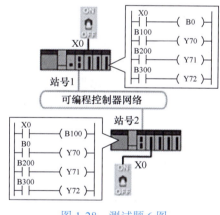

图 1-28　测试题 6 图

7. 以下针对可编程控制器网络的特点进行了描述，其中正确的内容是(　　)。(多选)

A. 网络内的可编程控制器按照一定的时间间隔，轮流传送本传送领域内的软元件信号。

B. 可编程控制器网络需要通信用的用户程序。

C. 可编程控制器网络的数据通信方式称为"循环传送"。

D. 网络内的可编程控制器在其他网络成员发出请求时，传送本传送领域内的软元件信号。

E. 可编程控制器网络不需要通信用的用户程序。

8. 以下描述中,(　　)属于 PLC 间网络特点。(多选)

A. 可以将输入输出单元分散设置在机械设备的各个部位。

B. 利用网络将原本由各台机械设备的可编程控制器分散进行的处理集中起来,对整个系统进行控制。

C. 连接在网络上的可编程控制器内需要具备 CPU 单元。

D. 按照主站可编程控制器的顺控程序,对整个系统的输入输出进行控制。

9. 以下描述中,(　　)属于远程 I/O 网络特点。

A. 可以将输入输出单元分散设置在机械设备的各个部位。

B. 利用网络将原本由各台机械设备的可编程控制器分散进行的处理集中起来,对整个系统进行控制。

C. 连接在网络上的可编程控制器内需要具备 CPU 单元。

D. 按照主站可编程控制器的顺控程序,对整个系统的输入输出进行控制。

10. 请在下列针对可编程控制器网络的描述的括号内选择相应的选项。为了实现生产过程的自动化,就必须将原本由各台机械设备(　　)处理的控制信息和生产信息(　　)起来,对整个生产系统进行集中控制,于是,将各台机械设备的可编程控制器互相连接起来的网络得到了应用。这种将多台可编程控制器互相连接在一起的网络称为(　　)。

A. 可编程控制器　　　　　　B. 操作者

C. 分散　　　　　　　　　　D. 集中

E. 远程 I/O 网络　　　　　　F. PLC 间网络

11. 请在下列针对远程 I/O 网络特点的描述的括号内选择相应的选项。如图 1-29 所示,用通信电缆将主站可编程控制器与多个(　　)单元连接起来,可以(　　)、节省空间。远程 I/O 单元与外部设备之间的输入输出信号传递,按照主站可编程控制器的顺控(　　)进行。

A. 远程 I/O 单元　　　　　　B. 可编程控制器 CPU

C. 节省配线　　　　　　　　D. 节省电力

E. 数据　　　　　　　　　　F. 程序

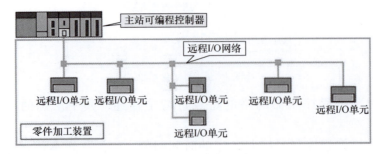

图 1-29　测试题 11 图

项目 2
以太网通信应用

项目引入

本项目针对工业现场使用的以太网,从以太网模块的基础知识、网络构建到以太网模块的数据传输机制、规格、各种设置和启动方法进行说明。通过以 iQ-R CPU 或 iQ-F CPU 为载体,进行案例展示,让大家学会能够使用以太网模块在可编程控制器和以太网兼容设备之间实现简单的信息传送。

任务 2.1 认识以太网

任务描述

本任务对以太网数据通信进行概要说明,具体内容包括以太网在工业现场中的定位以及以太网的基础知识。涉及到以太网 IP 地址规范、端口号规范、网络拓扑结构、分层体系结构和 OSI 参考模型、TCP 和 UDP 通信协议、Open/Close 处理过程等网络通信基础知识。通过本任务的学习,你将对以太网有深刻的了解。

知识学习

2.1.1 以太网在工业现场中的定位

工业使用的网络分为信息网络和控制网络两种。信息网络以计算机为主体,进行信息的发送、收集。相对于以秒为单位的信息通信,一般需要几分钟、几小时等比较长的周期来交换大量的信息。信息内容为对现场的生产指示、来自现场的生产状况报告等,例如对以太网控制网络的信息发布和信息接收。

控制网络是以可编程控制器为主体,进行位、字级别信息的发送、收集。多数情况下,信息的传达必须与物品的流动同步,因此要求以毫秒为周期,定期准确地传送比较少量的信息。信息内容为传感器或驱动器的 ON/OFF 状态、工件的位置信息、电动机的转速等,例如 CC-Link 等以串行通信为基础的现场网络。控制网络又分为串行通信现场网络和以太网两大类型,如图 2-1 所示,以太网在工业现场的应用正逐年增长[数据来源于瑞典 HMS 工业网络报告(2023 年)]。

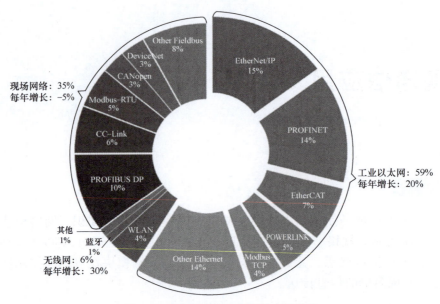

图 2-1 以太网在工业现场的应用趋势

近年来,随着现场与办公室信息联合的发展,对现场发出生产指示、收取来自现场的生产状况报告均可通过以太网来实现,如图 2-2 所示。

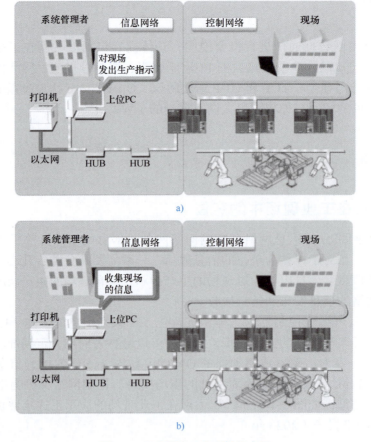

图 2-2 以太网在工业现场的应用

2.1.2 以太网 IP 地址规范

以下对以太网使用最普遍的 TCP/IP（Transmission Control Protocol/Internet Protocol，传输控制协议/互联网协议）协议进行简单说明。进行设备间通信时，需以某种形式指定是哪一设备请求通信，希望与哪一设备通信。如图 2-3 所示，以邮寄邮件进行比喻，相当于需要先指定收件人的住址和发件人的住址。

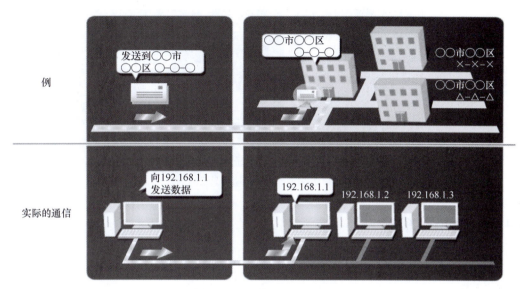

图 2-3 以太网 IP 地址

作为 TCP/IP 通信基础的 IP 通信中，通过 IP 地址（Internet Protocol Address）来区分通信设备。如 "192.168.1.1"，用点 "." 将 IP 地址分隔为 4 部分。IP 地址每部分用 8 位二进制表示，共需要 32 位二进制数。

IP 地址二进制表示范围：00000000.00000000.00000000.00000000 ～ 11111111.11111111.11111111.11111111。

IP 地址十进制表示范围：0.0.0.0 ～ 255.255.255.255。

注意：不能随便设置 IP 地址，要连接到现有网络时，需要与网络管理者协商。IP 地址为 32 位。

2.1.3 端口号规范

实际通信是在设备、计算机上运行的应用程序间进行的。IP 通信根据端口号来识别是哪一应用程序和哪一应用程序在通信。将 IP 地址比喻为"住址"，端口号则相当于"建筑物中的楼层"，如图 2-4 所示。

端口号为 0 ～ 65535（0 ～ FFFF）范围内的编号，一般将其中 0 ～ 1023（0 ～ 3FF）的端口号称为知名端口号，每个应用程序的端口号是固定的，例如端口 25 用于接收邮件，80 用于查看网页，20 和 21 用于文件传输等。在不属于这些应用程序的可编程控制器间通信中，设置 1025 ～ 65534（401 ～ FFFE）之间的端口号。

注意：端口号一般用十进制来表示，括弧内为十六进制表述，端口号为 16 位。

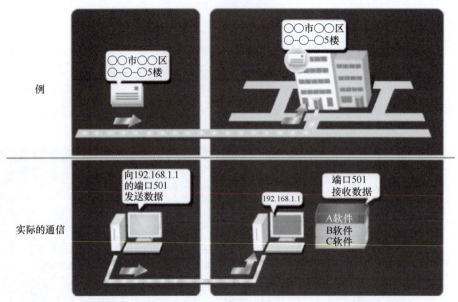

图 2-4　以太网端口号

2.1.4　网络拓扑结构

拓扑是指设备相互连接的物理排列方式，如图 2-5 所示，有星形、总线型、环形、点对点四种基本形式。最简单的拓扑结构是点对点连接，只有两台设备连接在一起，控制器连接到控制器就是点对点连接的一个例子。但是，如果你考虑将控制器和驱动器集中式连接到一起，就是星形拓扑，集控器（交换机）就是星形的中心。总线连接是将所有现场设备用相同共享的导线连接，以最大限度地减少现场布线。控制器沿着环占据位置的连接就是环形连接。没有"最佳"拓扑，所有提到的都可在工业网络系统中实现，拓扑结构主要取决于通信方法。

以太网中最普遍的网络拓扑结构是采用星形连接方式，如图 2-6 所示。将放射状分布的连接形态称为星形。星形网络使用交换式集线器（交换机），使信号得到整形、放大、整理。其特点是一台设备的故障不易波及到整个网络。使用的 LAN 电缆也很容易获得。

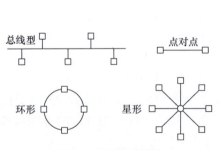

图 2-5　网络拓扑结构

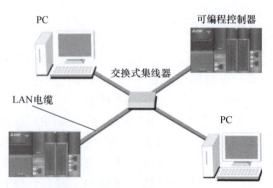

图 2-6　以太网星形网络拓扑结构

2.1.5 分层体系结构和 OSI 参考模型

大多数网络都采用分层的体系结构,每一层都建立在它的下层之上,向它的上一层提供一定的服务,而把如何实现这一服务的细节对上一层加以屏蔽。

OSI(Open System Interconnection,开放系统互联)参考模型被称为开放系统架构,用于可以相互通信的计算机网络的设计。该模型将通信过程分为七层,从下至上是物理层、数据链路层、网络层、传输层、会话层、表示层和应用层,如图 2-7 所示。这七层用于通信终端系统,最上面的四层用于端到端通信。对于网络节点,它至少具有最下面的三层。网络层和数据链路层涉及跨单个节点的对等过程的交互。

为什么要分层架构?分层体系结构简化了设计,可将网络通信划分为多个部分来测试。每一层的协议可以与其他层的协议分开设计。协议从下面的层进行服务调用。分层还提供了灵活的修改功能,以及不断发展协议和服务,都无需更改下面的层。非分层体系结构代价高昂、不灵活,而且很快就会过时。

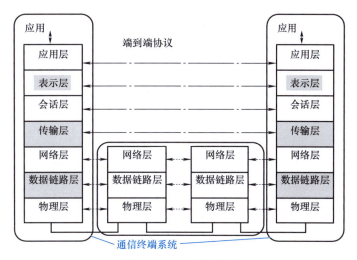

图 2-7 OSI 参考模型

OSI 参考模型第一层,物理层处理通信信道的比特传输,使用光纤、同轴电缆、双绞线,如图 2-8 所示。现在,物理层与系统参数的特定选择有关,还涉及程序设置、释放以及机械连接方面。

OSI 参考模型第二层,数据链路层提供了信息块的传输,称为帧。它将帧信息插入发送的比特序列中,指示帧边界。数据链路层涉及如何将帧分组,如何在数字传输期间检测位错误,即计算用于错误检测的校验位。数据链路层可以在信息头中插入地址信息以及检查位,以便从传输错误中恢复。请注意,数据链路层一个关键功能是链路管理,对多个节点进行广播链接,例如局域网。链路管理就是对介质访问过程进行协调控制。另一个关键功能是执行节点到节点的流控制,避免在接收节点处发生缓冲区溢出。图 2-9 所示为数据链路层的功能概括。

OSI 参考模型中的第三层网络层,提供了在一个或多个通信网络传输数据包,网关路由器是网络连接的中介。有了网关路由器,网络地址可扩展以适应大量的网络用户。网关路由器执行路由算法确定跨网络的路径。路由算法遵循路由协议,该协议是指用于跨网传输中选择路由路径的过程。网络层负责控制传输过程中的拥挤以及应对通信拥塞。网络层是 OSI 参考模型中最复杂的层。例如当两个主机连接到两个不同的网络时,数据传输必须遍历两个或更多网络,这些网络路由地址是不同的,如图 2-10 所示。

OSI 参考模型中的第四层,传输层负责消息的端到端传输,通过从源计算机的进程中传输到目标计算机的进程中,如图 2-11 所示。该层接收来自其较高层的消息并准备在终端机之间传输,传输以段或数据包为单位的信息。传输层提供不同种类的服务,如提供可靠序列位或消息的无错传输。另外,它还可以提供快速的无连接服务,如简单的一条消息传输。传输层最常见的协议是传输控制协议 TCP 和用户数据报协议 UDP(User Datagram

Protocol，用户数据报协议）。

OSI 参考模型中的第五层和第六层是会话层和表示层，这两层被合并入应用层，如图 2-12 所示。OSI 参考模型中的最高层第七层是应用层，是提供给用户常用的服务，如通信应用 HTTP 协议、DSN 域名服务、文件传输、电子邮件以及其他应用程序。

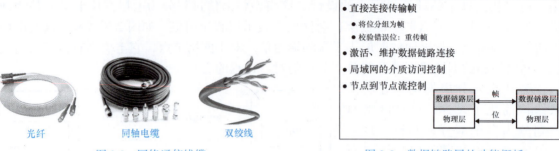

图 2-8　网络通信线缆　　　　　　　　　图 2-9　数据链路层的功能概括

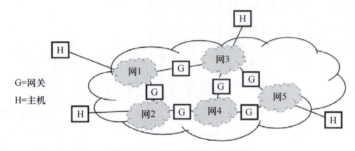

图 2-10　跨网传输过程示意

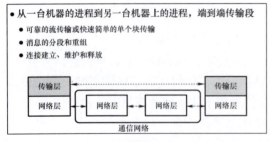 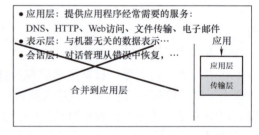

图 2-11　传输层的功能　　　　　　　　图 2-12　会话层和表示层并入应用层

以太网 OSI 模型可以进行缩减。将会话层和表示层并入应用层，则 OSI 模型简化为五层模型。当工业网络不扩展到一个网络以上时，则不需要网络层和传输层，将这两层并入到应用层中，则 OSI 模型被缩减为三层，如图 2-13 所示。三层时，我们只需关注数据链路层的这一个重要方面，即介质访问控制（Media Access Control，MAC）。

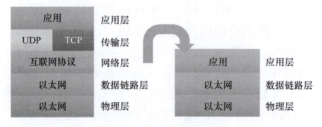

图 2-13　以太网 OSI 模型

2.1.6 TCP 和 UDP 通信协议

网络协议是网络服务器、计算机、交换机、路由器和防火墙等所有网络设备之间通信规则的集合，它规定了通信时信息必须采用的格式和这些格式的意义。协议是一套精确和明确的规则，管理一层中的两个或多个通信实体是如何交互的、可以发送和接收的消息、发生特定事件时应采取的行动。协议的目的是为上面的层提供服务。

互联网协议分为 TCP 和 UDP 两种。使用 TCP 发送数据时，必须在 TCP 的端口接收数据。两种协议的区别见表 2-1。本项目以 TCP 方式进行案例详解。

表 2-1 TCP 和 UDP 的区别

协议名称	TCP	UDP
特点	先固定与发送目标间的逻辑线路（连接），然后进行 1∶1 通信	与发送目标间的连接不是固定的，因此可进行 1∶N 通信
可靠性	高	低
适用场合	适用于希望准确发送数据的情况	适用于 PC 界面等需要实时监视的情况
处理速度	低速	高速
对发送目标的交付保证	有	无
通信连接的建立	需要	不需要
流量控制	有	无
拥塞控制（重传控制）	有	无

2.1.7 Open/Close 处理过程

TCP/IP 通信中，在与对象设备之间建立一个逻辑线路连接时，将开通线路称为 Open 处理，将切断线路称为 Close 处理。Open 处理分为主动 Open 处理的 Active Open 和被动等待 Open 处理的 Passive Open。将 TCP/IP 的 Open/Close 处理过程用手机打电话过程进行比喻，如图 2-14 所示。

根据哪一设备持有 Open 的主导权来选择 Active Open 或 Passive Open。例如，在 PC 端有对以太网模块的 Open 处理程序时，则该以太网模块设置为 Passive Open。

（1）Open 处理　以下对 Active Open 和 Passive Open 进行说明。

1）Active Open：向处于被动 Open 等待（Unpassive/Fullpassive）状态的对象设备发出主动的 Open 请求。用手机打电话过程举例，Active Open 处理相当于打电话给对方。

2）Passive Open：指等待接收 Open 请求。Passive Open 分为 Unpassive Open 和 Fullpassive Open。用手机打电话过程举例，Passive Open 处理相当于打开电源，使其处于可接收来电的状态。其中：

Unpassive Open：从已连接网络的所有设备向自身发出 Active Open 请求。用手机打电话过程举例，Unpassive Open 相当于即使对方号码未知，也可接听电话。

Fullpassive Open：只能从已连接网络的特定设备向自身发出 Active Open 请求。用手机打电话过程举例，Fullpassive Open 相当于只能接听已登记过号码的已知联系人的电话。

（2）Close 处理　Close 处理是指将之前通过 Open 处理建立了连接的对方设备切断，断开逻辑线路连接。Close 处理正常完成后，可对使用该连接进行数据通信的对象设备进行变更。用手机打电话过程举例，Close 处理相当于在通话后挂断电话。

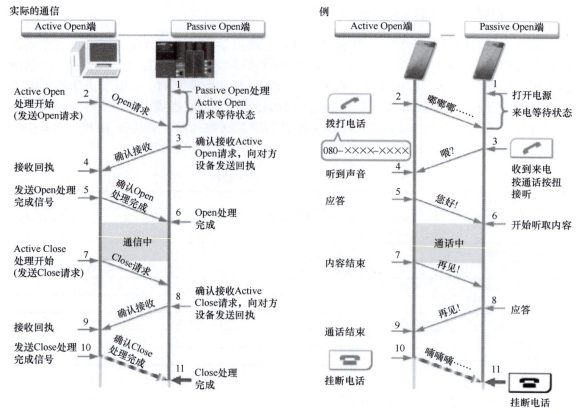

图 2-14 Open/Close 处理过程

（3）Open/Close 处理小结　在以太网模块设置 Active Open 后，对象设备被设置为 Passive Open。如果对象设备的 Open 状态已定，则必须按照表 2-2 进行设置。

表 2-2　Open/Close 总结

通信方式	自身		对象设备	
TCP	Active Open		Passive Open	Fullpassive Open
				Unpassive Open
	Passive Open	Fullpassive Open	Active Open	
		Unpassive Open		
UDP	无		无	

◀◀ 任务 2.2　以太网与 MELSOFT 产品及 GOT 的连接通信 ▶▶

任务描述

本任务先对以太网模块数据通信功能的种类进行说明，再以智能传感设备所用可编程控制器 FX5U 内置以太网卡的数据通信为例（见图 2-15），进行以太网模块数据通信讲解。本案例中 FX5U PLC 模块通过以太网与其他 CPU 及三个触摸屏 GOT 通过工业交换机进行以太网通信。通过本案例，读者将学习到固有数据通信设置步骤。

项目 2　以太网通信应用

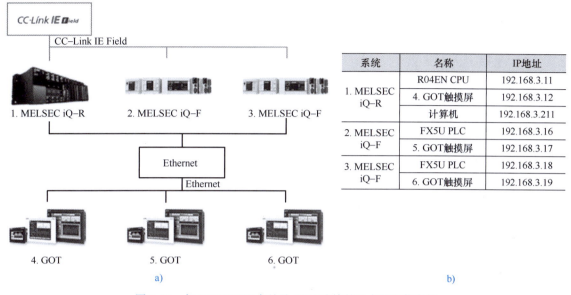

图 2-15　与 MELSOFT 产品及 GOT 连接的以太网通信案例

知识学习

2.2.1　以太网数据通信功能

以太网模块具有与 MELSOFT 产品及 GOT 的连接、通过 SLMP 进行通信、通过通信协议进行通信、通过套接字进行通信、通过固定缓冲进行通信、通过随机访问用缓冲存储器进行通信、通过 MODBUS/TCP 进行通信、通过链接专用指令进行通信等基本功能，对应配套的通用以太网设备如图 2-16 所示。此外，还有邮件、Web 等其他通信功能。本项目只对如何执行与 MELSOFT 产品及 GOT 的连接，以及如何实施 SLMP 数据通信进行说明。

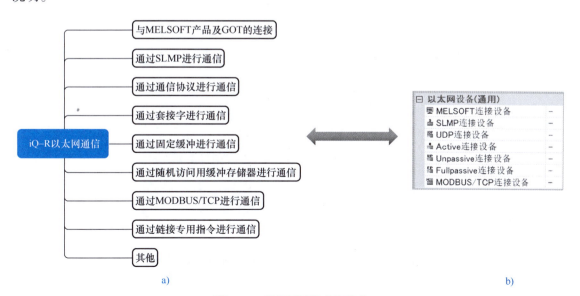

图 2-16　以太网通信功能类型

📝 技能学习

2.2.2 连接通信设置

1. 连接类型

PC 可以经由以太网从工程工具进行可编程控制器的编程及监视，GOT 也可以经由以太网进行可编程控制器的监视及测试，可以使用以太网进行长距离连接及高速通信和远程操作。

以太网搭载模块或以太网卡与三菱 MELSOFT 产品（工程工具及 MX Component 等）及 GOT 的连接情况如图 2-17 所示。

限制情况：

设置了同一网络号的多个 RJ71EN71 被安装到同一主基板及扩展基板的情况下，不可以经由网络模块与 MELSOFT 产品及 GOT 连接。

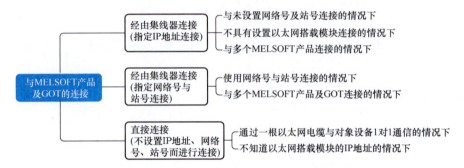

图 2-17 与 MELSOFT 产品及 GOT 的连接情况

2. 经由集线器（交换机）连接的设置方法

（1）学习 FX5U PLC 工程创建

1）双击桌面图标，打开 MELSOFT GX Works3 软件，在菜单栏中单击【工程】，并选择【新建（N）...】，如图 2-18 所示。

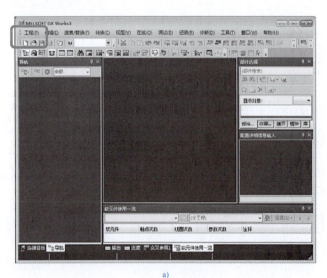

a)

图 2-18 新建工程

项目 2　以太网通信应用

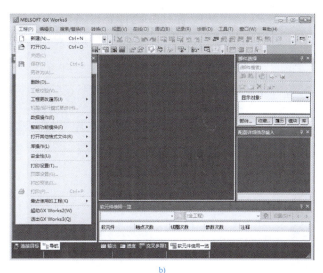

b)

图 2-18　新建工程（续）

2）分别在【系列】中选择"FX5CPU"，【机型】中选择"FX5U"，【程序语言】中选择"梯形图"（也可选择其他语言，如 ST、SFC 等），选好之后单击【确定】按钮，如图 2-19 所示。

（2）熟悉软件工程界面　完成新建工程之后的界面如图 2-20 所示，其中，1 是菜单栏，2 是工具栏，3 是项目导航窗口，4 是编程区，5 是指令部件库。

图 2-19　选择 PLC 类型

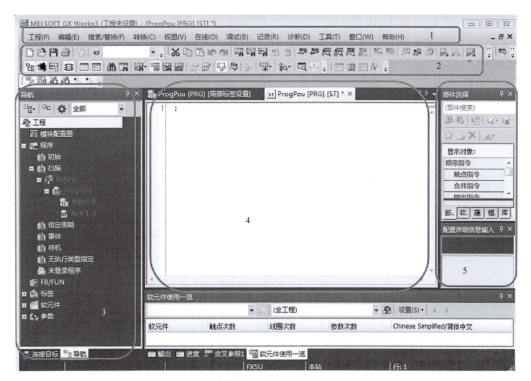

图 2-20　软件界面

（3）学习智能传感设备 PLC 模块配置 智能传感设备与运动控制设备上 PLC 所配置的模块不同，需针对不同扩展模块进行配置。双击左侧导航窗口中的【模块配置图】进入图 2-21 所示的配置界面。

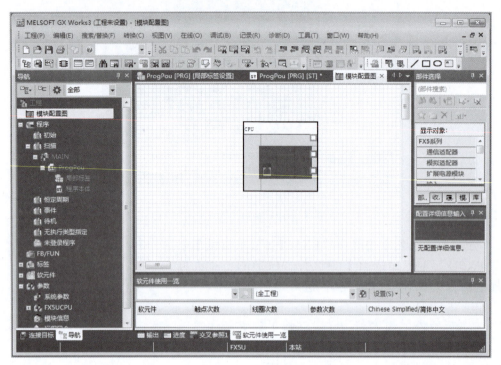

图 2-21 配置界面

1）该设备 FX5U PLC 扩展了一个 16 点数字量输入的扩展模块 FX5-16EX/ES，需在"模块配置图"中的 CPU 后面添加该模块。在界面右侧的【部件选择】窗口中，在【输入】中找到"FX5-16EX/ES"模块，如图 2-22 所示。

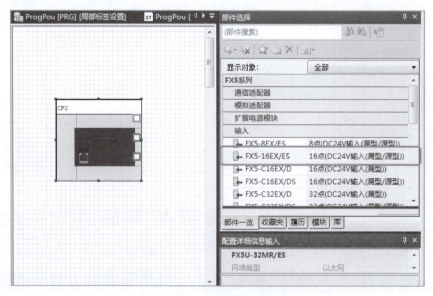

图 2-22 模块配置过程

2)单击鼠标左键选中该模块后,将该模块拖动至 CPU 右侧,如图 2-23 所示。

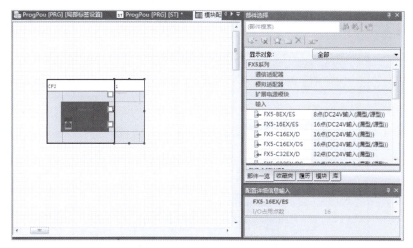

图 2-23 "输入"模块配置完成

用同样方法配置网络模块"FX5–CCLIEF",模块配置完成的界面如图 2-24 所示。

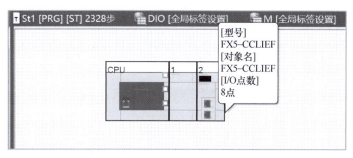

图 2-24 网络模块配置完成的界面

(4)学习智能传感设备 PLC 参数设置

1)以太网端口参数设置。模块配置完成后,还需进行项目参数设置,双击左侧导航窗口的【参数】→【FX5UCPU】→【模块参数】→【以太网端口】,打开以太网端口设置窗口,如图 2-25 所示。

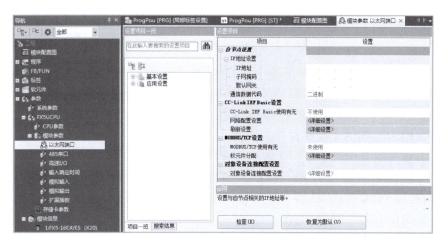

图 2-25 PLC 参数设置

① IP 地址设置：在【基本设置】→【自节点设置】→【IP 地址设置】中的【IP 地址】中输入该 PLC 的 IP 地址：192.168.3.16（不同设备的 IP 地址分配不同），【子网掩码】中输入：255.255.255.0，再单击右下角的【应用】按钮，如图 2-26 所示。

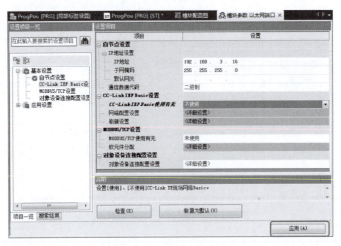

图 2-26　IP 地址设置

② 对象设备连接配置设置：在【对象设备连接配置设置】中双击"＜详细设置＞"进入图 2-27 所示界面。本步骤是配置与该 PLC 连接的相关对象，有几个对象就添加几个，有 3 个触摸屏，就添加 3 个对象。

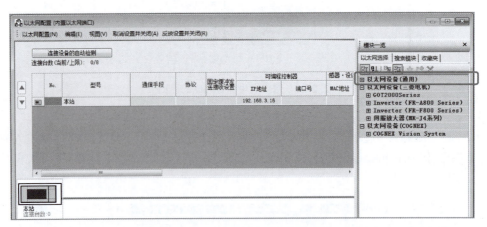

图 2-27　对象设备连接配置设置

依次在窗口右侧的【模块一览】栏中单击【以太网选择】→【以太网设备（通用）】→"MELSOFT 连接设备"，选中该设备后将其拖动至左侧窗口中，依次拖动 3 个，分别代表该 PLC 与 3 个对象连接，即触摸屏、控制采集系统的触摸屏、工业物联网关，添加完成后，单击上侧的【反映设置并关闭】，界面如图 2-28 所示。

注意：在该窗口自动关闭后，还需在主窗口中单击【应用】按钮。

2）写入至以太网搭载模块。将已设置的参数写入至以太网搭载模块，单击【在线】→【写入至可编程控制器】。向以太网搭载模块写入参数后，CPU 模块电源 OFF → ON 或 RESET，使参数生效。

项目 2　以太网通信应用

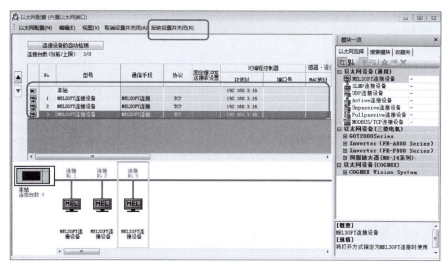

图 2-28　模块配置完成的界面

◀◀ 任务 2.3　SLMP 数据通信 ▶▶▶

任务描述

本任务针对以太网 SLMP 通信功能的实现过程进行详细讲解，以图 2-29 所示构建的系统为例。

系统 A：在工厂控制制造线。

系统 B：总公司管理工厂的系统，使用以太网与系统 A 相互连接。

日产量数据保存在总公司（系统 B）的数据寄存器 D1000 中。

工厂（系统 A）启动时，从总公司（系统 B）获取日产量数据，在系统 A 和系统 B 的数据通信中，使用通信协议"SLMP"。

通过本案例你将学习到以太网模块的系统构成方法、连接方法、使用专用命令的编程方法及各种设置操作，理解实际运行以太网模块所需的操作。

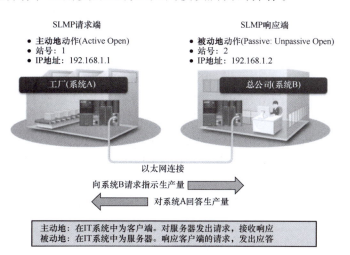

图 2-29　以太网 SLMP 通信案例

> 知识学习

2.3.1 SLMP 功能概述

SLMP（Seamless Message Protocol，无缝消息协议）是使用以太网通过 TCP 及 UDP 从外部设备（计算机及 GOT 等）访问 SLMP 产品。在 SLMP 的控制步骤中，只要对象设备可以收发报文，就可以使用 SLMP 执行通信。SLMP 允许以太网和 CC-Link IE 之间的无缝数据通信，如图 2-30 所示。由于 SLMP 使用简单的客户端-服务器通信系统，使用支持 SLMP 协议的产品易于开发，只需要软件来开发产品。SLMP 产品在一致性测试中仅执行软件功能检查，简单的测试减轻了供应商开发产品的负担。

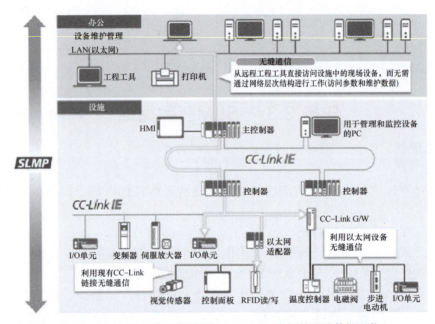

图 2-30 SLMP 允许以太网和 CC-Link IE 之间的无缝数据通信

SLMP 产品分为认证产品和兼容产品两类。SLMP 认证产品，是通过一致性测试的正式会员产品，带有 SLMP 徽标。SLMP 兼容产品，是通过一致性测试的注册会员和非会员产品，不带有 SLMP 徽标。

以太网搭载模块的以太网端口，可以作为 SLMP 服务器使用。CPU 模块的以太网端口，可以作为 SLMP 客户端使用。SLMP 的报文格式为 3E/1E 帧。

1）服务器功能：以太网搭载模块基于来自外部设备的要求报文（命令），执行数据处理的收发。

2）客户端功能：可以使用专用命令向外部设备发送要求报文（命令），并从外部设备接收响应报文。仅 CPU 模块支持 SLMP 客户端功能，仅 3E 帧支持 SLMP 帧发送。

注意：

1）各 SLMP 的报文格式与 MC（Mitsubishi Communication Protocol，三菱通信协议）协议的帧相同。

2）3E 帧：MC 协议的 QnA 系列 3E 帧。

3）1E 帧：MC 协议的 A 系列 1E 帧。

都可以通过上述支持 MC 协议的外部设备连接 SLMP 产品。

关于 MC 协议的详情，请参照 MELSEC iQ-F FX5 用户手册（串行通信篇）。

三菱 PLC 协议库中内置了标准的 SLMP 通信协议，使用预定义协议功能，可非常方便地实现 SLMP 通信功能，减少 PLC 编程工作量。表 2-3 中为支持 SLMP 通信协议的以太网设备。

表 2-3 支持 SLMP 通信协议的以太网设备

系列	通信模块	备注
MELSEC iQ-R 系列	内置以太网口的 CPU	
	RJ71EN71	EtherNet P2 不支持
MELSEC iQ-F 系列	FX5U/5UC CPU	Ver 1.014 以上
Q 系列	QJ71EN71-100	"15042" 以上
L 系列	LJ71E71	"15042" 以上
FR-A800 系列	内置以太网口的变频器	
FR-F800 系列	内置以太网口的变频器	
CNC M800/M80 系列	内置以太网口的 CNC	
CC-Link IE Field 以太网适配器模块 NZ2GF-ETB	以太网部件内置以太网口	

2.3.2 SLMP 功能类型

1. 通过对象设备监视系统

通过对象设备（个人计算机或显示器等）发送 SLMP 的请求报文，如图 2-31 所示，能够读取以太网搭载模块的软元件，因此能够监视系统。此外，不仅是读取软元件，还能够写入软元件或将以太网搭载模块复位等。

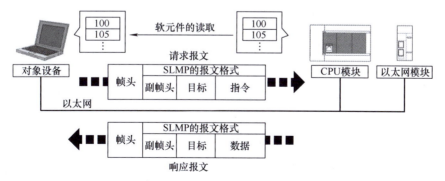

图 2-31 利用 SLMP 功能搭建监视系统

2. 连接使用 MC 协议的对象设备

可以将使用 MC 协议的 QnA 系列 3E 帧或 A 系列 1E 帧的对象设备原样不变地连接至以太网搭载模块，如图 2-32 所示。

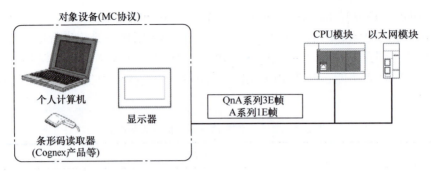

图 2-32　连接使用 MC 协议的对象设备

3. 经由 SLMP 产品进行跨网络访问

如果使用 SLMP 通信，可通过外部设备经由 SLMP 产品认证的网络模块进行跨网络无缝访问，如图 2-33 所示。

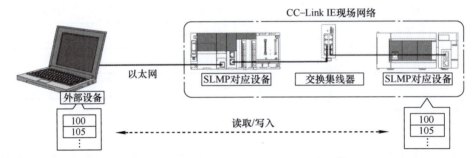

图 2-33　经由 SLMP 产品进行跨网络通信

4. 通过通信协议支持功能执行 SLMP 通信

通过使用工程工具的通信协议支持功能，可以容易地进行 SLMP 通信，如图 2-34 所示。与外部设备进行 SLMP 通信时相同，可以通过 CPU 模块控制 SLMP 对应设备。

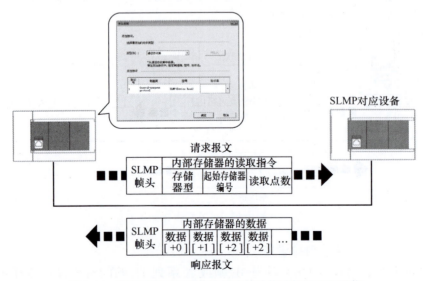

图 2-34　使用工程工具通信协议支持功能进行 SLMP 通信

2.3.3 通信步骤

SLMP 的数据通信采用半双工通信。访问以太网搭载模块时，先接收前一个指令发送的报文，接收到来自以太网搭载模块侧的响应报文后，发送下一个指令报文。在完成响应报文的接收前，不能发送下一个指令报文。

SLMP 在请求端和响应端进行图 2-35 所示的通信。

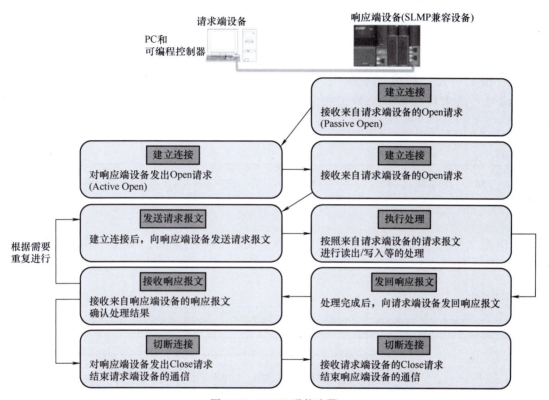

图 2-35　SLMP 通信步骤

在从外部设备发送请求报文之前，应确认 SLMP 对应设备处于可接收请求报文的状态。

响应端：接收来自请求端设备的 Open 请求。

请求端：对响应端设备发出 Open 请求。

响应端：接收来自请求端的 Open 请求。

请求端：建立连接后，向响应端发送请求报文。

响应端：按照来自请求端的请求报文，进行读出/写入等的处理。

响应端：处理完成后，向请求端设备发回响应报文。

请求端：接收来自响应端设备的响应报文，确认处理结果。一方面根据需要重复发送请求报文；另一方面对响应端设备发出 Close 请求，结束请求端设备的通信。

响应端：接收请求端设备的 Close 请求，结束响应端设备的通信。

相对于指令报文，不能接收正常结束的响应报文的情况下，当接收到异常结束的响应报文时，请根据响应报文中的错误代码进行处理。

2.3.4 报文格式

SLMP 报文的单位称为"帧"。SLMP 是与 3E 帧相同的报文。

请求报文格式：帧头、子帧头（也称为副帧头）、请求目标网络编号、请求目标站号、请求目标模块 I/O 编号、请求目标多点站号、请求数据长度、监视定时器、请求数据和帧尾，如图 2-36 所示。

图 2-36　SLMP 请求报文格式

响应报文格式：帧头、子帧头、请求目标网络编号、请求目标站号、请求目标模块 I/O 编号、请求目标多点站号、响应数据长度、结束码、响应数据、帧尾，如图 2-37 所示。

正常结束时

图 2-37　SLMP 正常响应报文格式

响应报文分为正常结束和异常结束两种情况。异常结束时，将在"响应数据"中保存错误信息，如图 2-38 所示。

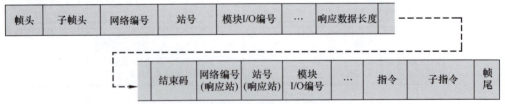

图 2-38　SLMP 异常响应报文格式

表 2-4 中对 SLMP 报文的构成要素进行说明，这些要素要指定"数据的读出对象软元件"及"数据的保存位置软元件"。软元件的指定方法将在后面进一步说明。

表 2-4　SLMP 报文构成要素

构成要素		对象数据包	设置内容
帧头		发送 / 接收	自动附加 Ethernet、TCP/IP、UDP/IP 的帧头
子帧头	序列号	发送 / 接收	希望明确请求和响应对应时，可指定任意的序列号
网络编号		发送 / 接收	指定响应端设备的网络编号
站号		发送 / 接收	指定响应设备的站号
模块 I/O 编号		发送 / 接收	指定响应端设备的 CPU 模块 I/O 编号
监视定时器		发送	指定响应端设备在完成读出 / 写入处理之前的等待时间

（续）

构成要素		对象数据包	设置内容
请求数据	开头软元件号	发送	指定进行读出或写入的响应端设备的软元件范围开头软元件号
	软元件码	发送	用软元件码指定进行读出或写入的响应端设备的软元件类别（X、Y、M、D等）
	软元件点数	发送	指定进行读出或写入的响应端设备的软元件点数
响应数据	接收数据	接收	指定从响应端设备接收到的响应数据的保存位置
	写入数据	发送	指定要向响应端设备发送的写入数据的保存位置
结束码		接收（错误接收）	指定从响应端设备接收到的错误码的保存位置
帧尾		发送/接收	自动附加 Ethernet、TCP/IP、UDP/IP 的帧尾

注意：请求数据包含指令、子指令、开头软元件号、软元件码、软元件点数、写入数据。

技能学习

2.3.5 运行前设置和系统构建

运行以太网模块之前的设置步骤如图 2-39 所示。

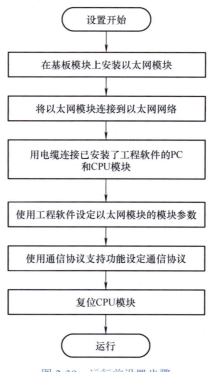

图 2-39 运行前设置步骤

要构建的系统动作如图 2-40 所示。

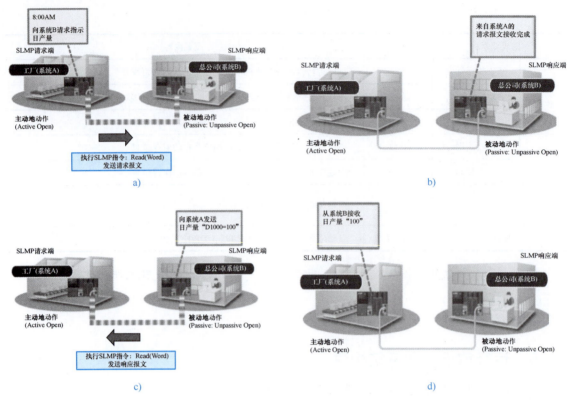

图 2-40 系统动作

模块构成和 I/O 分配如图 2-41 所示。SLMP 请求端和 SLMP 响应端的模块构成相同。

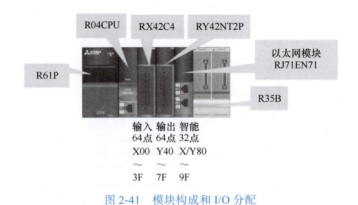

图 2-41 模块构成和 I/O 分配

2.3.6 模块参数的设置

使用工程软件 MELSOFT GX Works3 分别对 SLMP 请求端和 SLMP 响应端进行模块参数设置。通过模块参数设置实现与对象设备的通信，而不是使用 PLC 程序才能通信。

1. 信息模块的配置

在模块配置图中，根据网络类别配置模块的部件，如图 2-42 所示。信息模块型号

项目 2　以太网通信应用

"RJ71EN71（*****）"中，括号内为所使用的网络类别。在本课程要构建的系统中，端口1、端口2均选择以太网"RJ71EN71（E+E）"。

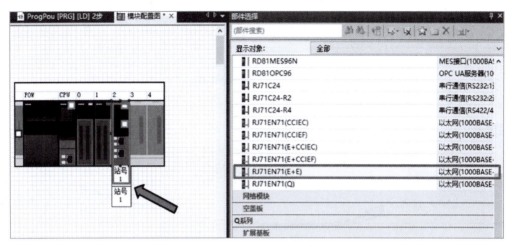

图 2-42　信息模块配置

2. 信息模块的基本设置

信息模块（以太网模块）的IP地址和通信数据编码等基本的设置如图2-43所示，打开模块参数设置界面的【基本设置】。

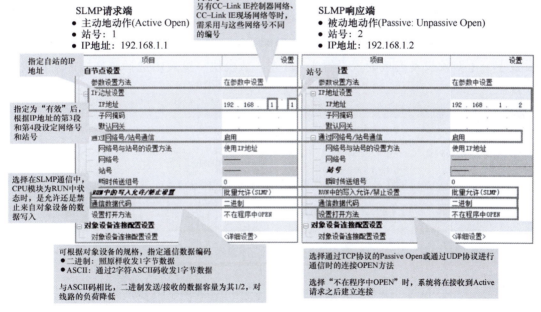

图 2-43　信息模块的基本设置

2.3.7　与对象设备的连接设置（SLMP 请求端）

SLMP请求端与对象设备的连接设置如图2-44所示，打开模块参数设置界面的【基本设置】→【对象设备连接配置设置】。首先，从模块一览表中选择要连接的对象设备进行配置。

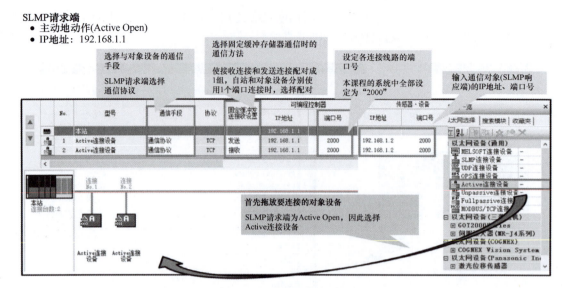

图 2-44　请求端模块配置

"Active 连接设备"指通过以太网搭载模块对对象设备进行打开处理（Active 打开），通过 TCP/IP 通信的情况下选择的设备。

模块参数的设置完成之后进行"参数错误检查""参数的应用""全转换""将设置内容写入 CPU 模块"。

2.3.8　与对象设备的连接设置（SLMP 响应端）

SLMP 响应端与对象设备的连接设置如图 2-45 所示，打开模块参数设置界面的【基本设置】→【对象设备连接配置设置】。首先，从模块一览表中选择要连接的对象设备进行配置。

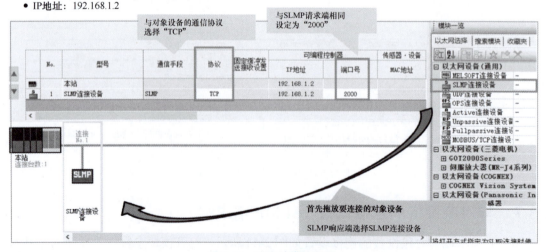

图 2-45　响应端模块配置

项目 2　以太网通信应用

模块参数的设置完成之后进行"参数错误检查""参数的应用""全转换""将设置内容写入 CPU 模块"。

2.3.9　通信协议编写

通信协议支持功能是指为创建与对象设备通信所需的收发报文提供支持。以下对使用通信协议支持功能时的通信协议添加方法进行说明。

在 SLMP 请求端添加通信协议：

（1）新建通信协议　如图 2-46 所示，从 MELSOFT GX Works3 的菜单中选择【工具】→【通信协议支持功能】→【以太网模块】，打开通信协议支持功能，单击【新建】→【添加】。

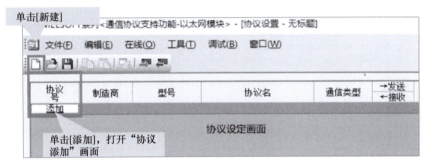

图 2-46　新建通信协议

（2）添加协议　协议添加界面如图 2-47 所示。

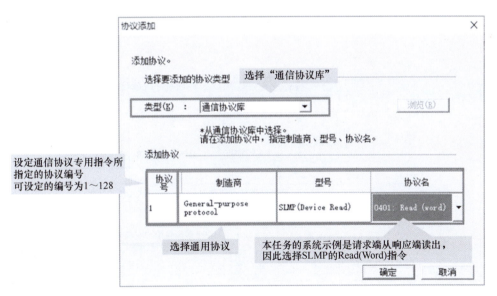

图 2-47　协议添加界面

（3）协议设置　在协议中设置收发数据的内容，图 2-48 所示为协议设置界面。

（4）软元件批量设置　执行通信协议支持功能的【编辑】→【软元件批量设置】，输入开头软元件表，如图 2-49 所示。

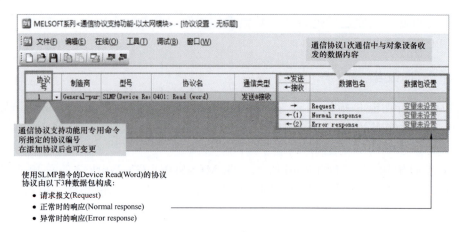

图 2-48　协议设置界面

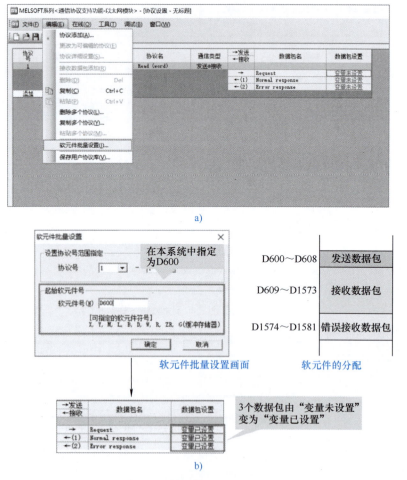

图 2-49　软元件批量设置界面

（5）数据包设置　在数据包设置中，指定程序中要使用的"数据读出对象软元件"或"数据保存位置软元件"。使用通信协议支持功能中的"软元件批量设置"，可批量设置软元件。

通过执行软元件批量设置，自动输入软元件设置值后的结果如图 2-50 所示。

项目2 以太网通信应用

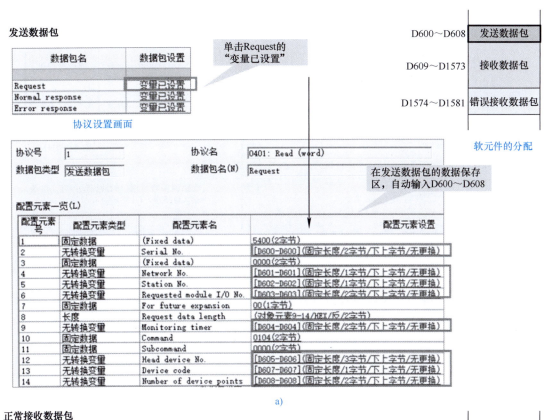

图 2-50 数据包自动设置结果

c)

图 2-50　数据包自动设置结果（续）

（6）构建数据包要素　正常接收数据包构成要素如图 2-51 所示，可确认和变更数据包各构成要素中设置的内容。

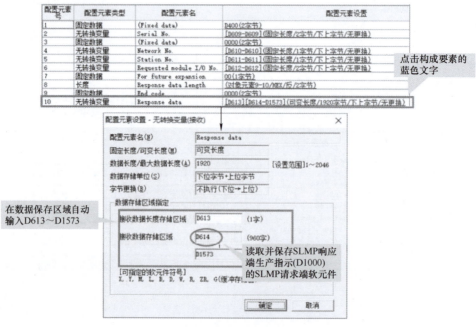

图 2-51　正常接收数据包构成要素

（7）协议保存和写入

1）协议的保存。可在计算机上将所创建的协议保存为"协议设置文件"。从通信协议支持功能的菜单中选择执行【文件】→【另存为】。

2）协议的 PC 写入。将创建的协议写入以太网模块的方法如图 2-52 所示。从通信协议支持功能的菜单中选择执行【在线】→【模块写入】，复位 CPU 模块。

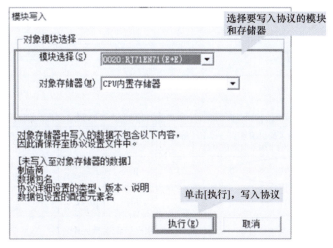

图 2-52　执行协议写入

2.3.10　通信确认

通过"PING 测试"确认以太网模块能够正常通信，如图 2-53 所示。

1）从 MELSOFT GX Works3 的菜单中选择【诊断】→【以太网诊断】，打开以太网诊断。

2）在选中对象模块指定中"第 1 个（端口 1）"的状态下，勾选"模块 No."。

3）单击【PING 测试】，打开 PING 测试。

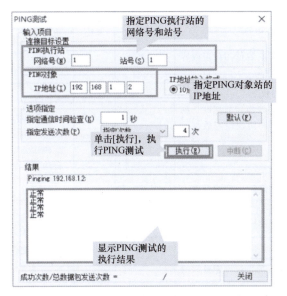
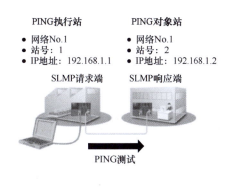

图 2-53　PING 测试

2.3.11 程序编写

1. 通信协议的通信用指令

（1）GP.ECPRTCL 执行协议的指令　该指令是可使用的专用命令，对模块执行添加的协议如图 2-54 所示。"连接 No."指连接的网络号。

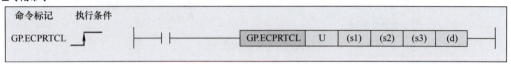

■设定数据

设定数据	内容	设定端	数据型	系统示例的设定值
U	以太网模块的起始输入输出编号(00~FEH：用4位十六进制数表示输入输出编号时的前3位)	用户	BIN16位	开头输入输出编号为0080，所以指定U8
(s1)	执行的协议编号(1~16)	用户	BIN16位软元件名	已添加到No.1中，所以指定K1
(s2)	连续执行的协议数目(1~8)	用户	BIN16位软元件名	要执行1个协议设定数据，所以指定K1
(s3)	保存控制数据的软元件起始编号	用户、系统	软元件名	D500
(d)	表示本指令执行协议后，完成一个扫描时的起始位软元件，出现异常时，用(d)+1表示位软元件	系统	位	M1000

图 2-54　执行协议专用命令

控制数据是执行 GP.ECPRTCL 时所需的参数保存位置，或执行结果的保存位置，见表 2-5。

表 2-5　控制数据

软元件	项目	设定数据	设定范围	设定端	系统示例中的值
(s3)+0=D500	执行数结果	• 保存通过 ECPRTCL 命令执行的协议设定数据数 • 发生了错误的协议设定数据也包含在执行数中 • 设定数据、控制数据的设定内容中有误时，保存为"0"	0、1~8	系统	正常响应时系统自动写入 1
(s3)+1=D501	完成状态	• 保存结束时的状态 • 执行了多个协议设定数据时，则保存最后执行的协议设定数据的状态 0000H：正常结束 0000H 以外（错误码）：异常结束	—	系统	正常响应时，系统自动写入 0；错误响应时，系统自动写入错误码
(s3)+2=D502	指定执行协议编号	指定第 1 个执行的协议设定数据的协议编号	1~128	用户	只使用协议编号1，因此向 D502 写入 1
⋮		⋮			
(s3)+9=D509		指定第 8 个执行的协议设定数据的协议编号	0、1~128		

（2）GP.CONOPEN 连接建立的专用指令　Open/Close 处理指令中的 GP.CONOPEN 连接建立专用指令如图 2-55 所示。

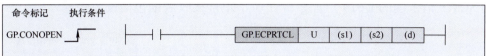

■ 设定数据

设定数据	内容	设定端	数据型	系统示例的设定值
U	以太网模块的起始输入输出编号(00~FEH：用4位十六进制数表示输入输出编号时的前3位)	用户	BIN16位	开头输入输出编号为0080，所以指定U8
(s1)	连接的网络号(1~16)	用户	BIN16位软元件名	已添加到No.1中，所以指定K1
(s2)	保存控制数据的软元件起始编号	用户、系统	软元件名	D400
(d)	表示本命令执行后，完成一次扫描时的标志位软元件起始编号，出现异常时，用(d)+1位软元件标志	系统	位	M2000

图 2-55　连接建立专用指令

2. 设置数据的保存和连接的 Open 处理 PLC 程序

下面介绍对协议设置数据的保存和 Open 处理。SLMP 请求端的初始设置程序如图 2-56 所示。在执行通信协议之前，进行协议设置数据的保存和连接的 Open 处理，协议设置数据存储地址如图 2-50 中发送数据包所示。

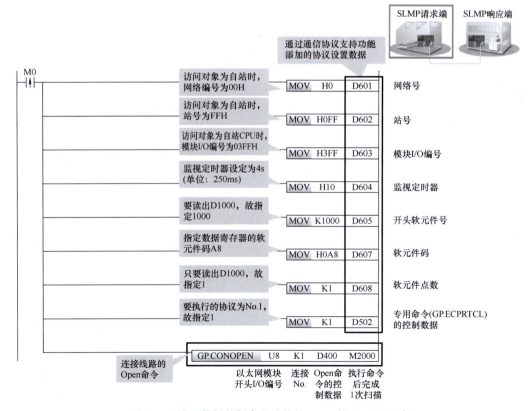

图 2-56　设置数据的保存和连接的 Open 处理 PLC 程序

3. SLMP 请求端执行通信协议的 PLC 程序

示例程序如图 2-57 所示，SLMP 请求端 CPU 模块在时钟为上午 8 点时执行通信协议，从 SLMP 响应端获取本日的生产指示。读取 SLMP 响应端的 D1000 "本日的产量 100"，保存到 SLMP 请求端的 D614（见图 2-51 所示正常接收数据包构成要素）。

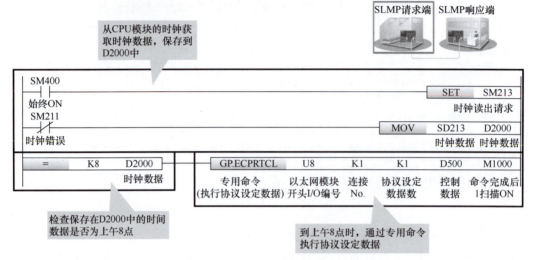

图 2-57　执行通信协议的 PLC 程序

以上对使用通信协议支持功能的简单 SLMP 通信进行了说明，但也可通过程序收发任意的报文。详细内容请参照您所用以太网模块的手册及 SLMP 参考手册。

◀◀ 任务 2.4　故障排除 ▶▶▶

🔍 任务描述

上述任务 2.3 中案例在设置完成后尝试运行时，若出现故障如何处理？本任务将针对无法正常运行的处理方法进行讲述。通过本任务的学习，让大家学会在无法正常运行情况下如何进行快速诊断。

📝 技能学习

2.4.1　处理步骤

若上述任务 2.3 中案例试运行时出现故障，按照图 2-58 所示步骤尝试解决问题。首先确认模块的 LED 显示，执行对应的处理。如果是仅靠 LED 显示无法判断处理内容的异常，则使用工程软件对错误进行详细排查。

1. 通过模块的 LED 显示确认异常

发现网络未正常工作时，若手里无工程软件，可通过模块前面的 LED 确认信息，如图 2-59 所示。

项目 2　以太网通信应用

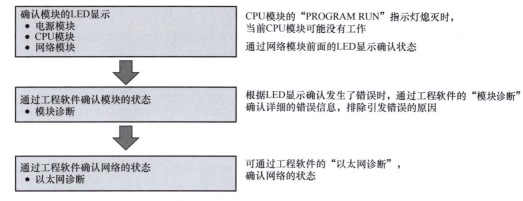

图 2-58　以太网诊断步骤

LED名称	显示内容	显示 正常	显示 异常	异常时的对应
RUN	运行状态	灯亮	熄灭	●确认是否正确安装了以太网搭载模块
ERR	错误状态	熄灭	灯亮或闪烁	●通过工程软件的模块诊断确认详细内容
SD/RD	数据的收发状态	灯亮	熄灭	●确认电缆的连接、模块参数、PLC程序是否有问题
P ERR	P1、P2的错误状态	熄灭	灯亮或闪烁	—

图 2-59　以太网模块的 LED 显示

2. 通过模块诊断确认异常

发现网络未正常工作时，可通过诊断菜单的系统监视执行【模块诊断】，显示错误内容和处理方法，如图 2-60 所示。

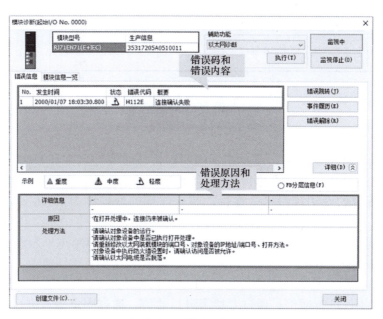

图 2-60　通过诊断菜单中的模块诊断选项进行以太网诊断

3. 通过以太网诊断确认网络状态

通过工程软件的诊断菜单执行【以太网诊断】，可确认以太网搭载模块与对象设备的通信状态，如图 2-61 所示。

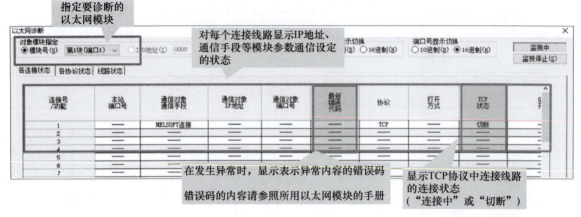

图 2-61　以太网诊断

2.4.2　常见故障的说明

常见的故障见表 2-6，发生与下述内容相似的现象时，可参考该表。

表 2-6　常见故障说明

项目	现象	原因	处理
启动时的常见故障	在通信协议 SLMP 通信中，来自 PC 端的 Open 处理无法完成	PC 端及以太网模块端的端口号有误	再次确认模块参数的端口号
	来自 PC 端的 Open 处理完成后，不能通信	通信数据编码的二进制 /ASCII 设置错误	再次确认模块参数的通信数据编码
运行时的常见故障	以太网那个模块不能通信	交换机的电源被关闭，或电缆断线、被拔出	再次确认交换机的电源或电缆是否断线、被拔出等

本项目小结

1. 以太网是一种信息网络，适合用于周期较长的通信。TCP 和 UDP 是用于设备间通信的协议。TCP 适合用于希望准确传送数据的情况。UDP 适合用于需要实时监视的情况。

2. TCP 中虚拟的专用线路称为连接，建立连接的处理称为 Open 处理。UDP 中则没有该连接。

3. Open 处理分为主动的 Active Open 和被动的 Passive Open。为建立连接，需要正确设置各设备的 Open 处理方式。

4. 以太网模块数据通信功能分为与 MELSOFT 产品及 GOT 的连接、通过 SLMP 进行通信、通过通信协议进行通信、通过套接字进行通信、通过固定缓冲进行通信、通过随机访问用缓冲存储器进行通信、通过 MODBUS/TCP 进行通信、通过链接专用指令进行通信等基本功能。

5. SLMP 的数据通信采用半双工通信。访问以太网搭载模块时，请相对于前一个指令报文的发送，接收到来自以太网搭载模块侧的响应报文后，发送下一个指令报文。在完成响应报文的接收前，不能发送下一个指令报文。

6. 请求报文格式：帧头、子帧头（也称为副帧头）、请求目标网络编号、请求目标站号、请求目标模块 I/O 编号、请求目标多点站号、请求数据长度、监视定时器、请求数据和帧尾。

响应报文格式：帧头、子帧头、请求目标网络编号、请求目标站号、请求目标模块 I/O 编号、请求目标多点站号、响应数据长度、结束码、响应数据、帧尾。

响应报文分为正常结束和异常结束两种情况。异常结束时，将在"响应数据"中保存错误信息。

7. 模块参数的设置使用工程软件，对连接到以太网的可编程控制器分别进行必要的设置。

8. 通过通信协议支持功能，可简单地设置与对象通信所需的协议。

9. 使用 PING 指令确认可否正常通信。

10. 通过 LED 显示进行异常时的临时诊断。

11. 通过工程软件的模块诊断详细确认错误内容。

12. 通过工程软件的以太网诊断确认网络的状态。

测试

1. 关于以太网通信方式，请从以下选项中选择 TCP 的特性。（　　）
A. 可靠性高，先固定与发送目标间的逻辑线路（连接），进行 1∶1 通信。
B. 可靠性低，但结构简单并可高速通信。与发送目标间的连接线路不固定，可进行 1∶N 通信。

2. TCP/IP 通信中的 Open/Close 处理，对处于被动 Open 等待状态的对象设备进行主动的 Open 请求。请选择与说明内容相符合的选项。（　　）
 A. Active Open   B. Passive Open
 C. FullPassive Open   D. UnPassive Open

3. TCP/IP 通信中的 Open/Close 处理，对发出主动的 Open 请求的对象设备，进行被动的 Open 等待接收。请选择与说明内容相符合的选项。（　　）
 A. Active Open   B. Passive Open
 C. FullPassive Open   D. UnPassive Open

4. TCP/IP 通信中的 Open/Close 处理，只能接收从连接网络的特定设备向自身发出的 Active Open 请求。请选择与说明内容相符合的选项。（　　）
 A. Active Open   B. Passive Open
 C. FullPassive Open   D. UnPassive Open

5. TCP/IP 通信中的 Open/Close 处理，可接收从连接网络的所有设备向自身发出的 Active Open 请求。请选择与说明内容相符合的选项。（　　）
 A. Active Open   B. Passive Open

C. FullPassive Open　　　　　　D. UnPassive Open

6. 以下是关于 IP 地址的说明，请选择可填入空格中的正确内容。IP 地址是为了区别连接到以太网或内网等 IP 网络的设备 / 计算机而分配的识别编号。一般像 "192.168.1.1"这样的 IP 地址，按照每（　　）为一段，分为 4 段，用（　　）来表示。

A. 8 位　　　　B. 32 位　　　　C. 十进制　　　　D. 十六进制

7. 以下是关于端口号的说明，请选择可填入括号中的正确内容。实际的通信是在设备 / 计算机上运行的应用程序间进行的。TCP 和 UDP 中，根据端口号识别是与哪一应用程序进行通信。

• 每个应用程序固定的指定端口号范围为（　　），知名端口号 25 用于接收邮件，端口号 80 用于查看网页，端口号 20 用于接收文件等。

• 以太网模块可任意设置的端口号范围为（　　）。

A. 0～1023　　　B. 0～65534　　　C. 1025～65534

8. 以下是关于通信数据编码方法的说明，请选择符合说明内容的项目。（　　）以太网模块直接发送 / 接收 1 字节数据。

A. ASCII　　　　B. 二进制

9. 以下是关于通信数据编码方法的说明，请选择符合说明内容的项目。（　　）以太网模块通过 2 字符 ASCII 码收发 1 字节数据。

A. ASCII　　　　B. 二进制

10. 以下是关于通信数据编码通信方法的说明，请选择符合说明内容的项目。（　　）是一种通信协议，用于从外部设备访问以太网模块等 SLMP 兼容设备。

A. 固定缓冲存储器通信

B. SLMP 通信

C. 随机访问用缓冲存储器通信

11. 以下是关于通信数据编码通信方法的说明。请选择符合说明内容的项目。（　　）使用以太网模块内缓冲存储器的固定缓存，可与其他可编程控制器 CPU 或 PC 进行通信。

A. 固定缓冲存储器通信

B. SLMP 通信

C. 随机访问用缓冲存储器通信

12. 以下是关于通信数据编码通信方法的说明，请选择符合说明内容的项目。（　　）使用以太网模块内缓冲存储器的随机访问用缓存，可与 PC 进行通信。

A. 固定缓冲存储器通信

B. SLMP 通信

C. 随机访问用缓冲存储器通信

13. 以下是以太网模块的常见故障，请从选项中选择可尝试的处理内容。对于启动时的常见故障现象，在通信协议 SLMP 通信中，来自 PC 端的 Open 处理无法完成，处理方法是（　　）。

A. 再次确认交换机的电源或电缆是否断线、被拔出等

B. 再次确认模块参数的端口号

C. 再次确认模块参数的通信数据编码

14. 以下是以太网模块的常见故障，请从选项中选择可尝试的处理内容。对于启动时的常见故障现象，来自 PC 端的 Open 处理完成后，不能通信，处理方法是（　　）。

A. 再次确认 HUB 的电源或电缆是否断线、被拔出等
B. 再次确认模块参数的端口号
C. 再次确认模块参数的通信数据编码

15. 以下是以太网模块的常见故障，请从选项中选择可尝试的处理内容。对于运行时的常见故障现象，以太网模块不能通信，处理方法是（　　）。

A. 再次确认交换机的电源或电缆是否断线、被拔出等
B. 再次确认模块参数的端口号
C. 再次确认模块参数的通信数据编码

16. 请从以下选项中选择关于以太网诊断功能的正确说明。（　　）

A. 在工程软件的界面上，一目了然地显示各连接线路的网络状态。
B. 如果没有工程软件，则无法确认网络状态。

项目 3
简单 CPU 通信应用

项目引入

简单 CPU 通信，只需用工程工具对 PLC 模块进行简单的参数设置，就能在指定时间与指定软元件进行数据收发。设置通信对象的传送源和通信对象的传送目标，在指定的通信对象之间进行数据的收发。本项目以 FX5U 和 R04CPU 内置以太网卡为硬件基础，对简单 CPU 通信原理与通信链接操作步骤进行描述。

任务 3.1　认识简单 CPU 通信

任务描述

要进行站点之间的简单 CPU 通信，需要选择好通信设备的连接方式，然后进行通信参数的设置，做好这些准备工作，才能进行接线，以及后续的编程。本任务就是带领大家学习简单 CPU 通信知识，以及如何实施。

知识学习

3.1.1　简单 CPU 通信特点

简单通信使用搭载内置以太网卡的 PLC，与通信对象设备之间进行数据通信。可以使用以太网端口与通信对象设备进行连接，并以指定的时机对指定的软元件数据进行发送和接收。仅通过 GX Works3 进行简单的参数设置，即可以构建无程序的通信。由于使用搭载的内置以太网卡，能从现有设备上进行数据收集，实现对生产线运转的监视。如图 3-1 所示，在使用多套装置的生产线上，可以通过 FX5 CPU 模块从各装置上配备的对应设备来收集生产状况和发生异常等的数据。由此，可以通过 1 台 FX5 CPU 模块通过集线器（交换机）对生产线的运转状态进行监视。

FX5 系列 PLC 简单 CPU 通信对象设备的最大连接台数如下：
1）FX5S/FX5UJ CPU 模块：8 台。
2）FX5U/FX5UC CPU 模块：16 台。
3）以太网模块：32 台。经由路由器进行访问，设置时，也应设置子网掩码和默认网关。

简单 CPU 通信可连接的对象设备见表 3-1。

项目 3　简单 CPU 通信应用

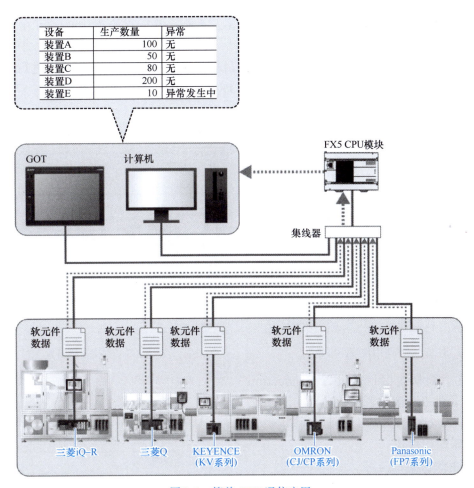

图 3-1　简单 CPU 通信应用

表 3-1　FX5 系列 PLC 简单 CPU 通信可连接的对象设备

制造商名	对应机型
三菱电机株式会社	MELSEC iQ-R（内置以太网）、MELSEC-Q（内置以太网）、MELSEC-L（内置以太网）、MELSEC iQ-F（内置以太网）、MELSEC iQ-F（以太网模块）、MELSEC iQ-L（内置以太网）、MELSEC-F（以太网块·适配器）
欧姆龙公司	SYSMAC CJ/CP 系列对应设备
基恩士公司	KV 系列对应设备
松下公司	FP7 系列对应设备、FPOH 系列对应设备
西门子公司	S7 系列对应设备
其他	SLMP 支持设备（QnA 兼容 3E 帧）
	MODBUS/TCP 对应设备

3.1.2　以太网连接方法

1. 与工程工具的直接连接

在以太网搭载模块与工程工具（PC 中 GX Works3）连接时，可以不使用集线器，而仅使用1根以太网电缆进行直接连接，如图3-2所示。进行直接连接时，可在不设置IP地址和主机名的情况下进行通信。

设置方法：在GX Works3的"简易连接目标设置Connection"界面中进行设置，如图3-3所示，路径是【在线】→【当前连接目标】。

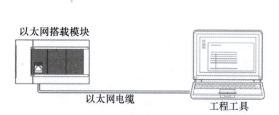

图3-2　不使用集线器直连　　　　　　　　图3-3　直接连接设置

1）在"简易连接目标设置Connection"界面中选择【直接连接设置】。

2）单击【通信测试】按钮，确认是否能与以太网搭载模块连接。

2. 经由集线器的连接

通过集线器连接至以太网时，需要对以太网搭载模块侧、以太网模块、工程工具侧或GOT侧分别进行设置，如图3-4所示。

（1）以太网搭载模块侧或以太网模块的设置

1）CPU模块：在GX Works3的"模块参数　以太网端口"界面进行设置。选择导航窗口的【参数】→【模块型号】→【模块参数】→【以太网端口】→【基本设置】→【自节点设置】，出现的设置界面如图3-5所示。

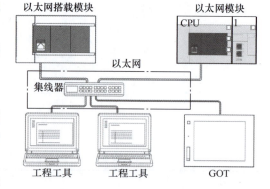

图3-4　经由集线器的连接

① 设置CPU模块侧的IP地址为192.168.3.250。

② 选择导航窗口的【参数】→【模块型号】→【模块参数】→【以太网端口】→【基本设置】→【对象设备连接配置设置】，双击【＜详细设置＞】→【以太网配置（内置以太网端口）】，出现界面如图3-6所示。将【模块一览】的"MELSOFT连接设备"拖放到界面左侧。此处设置同项目2的"以太网与MELSOFT产品及GOT的连接通信"中"经由集线器连接的设置方法"一致。

2）以太网模块：从GX Works3的"n［Un］：FX5-ENET/IP模块参数"界面进行设置，选择导航窗口的【参数】→【模块信息】→【FX5-ENET】或【FX5-ENET/IP】→【基本设置】→【自节点设置】，如图3-7所示。设置以太网模块侧的IP地址为192.168.3.251。

项目 3　简单 CPU 通信应用

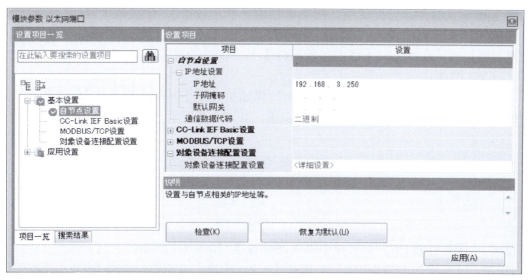

图 3-5　"模块参数　以太网端口"设置界面

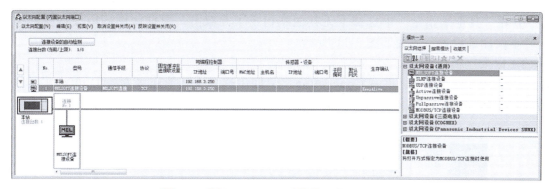

图 3-6　进行 MELSOFT 连接设置的设置界面

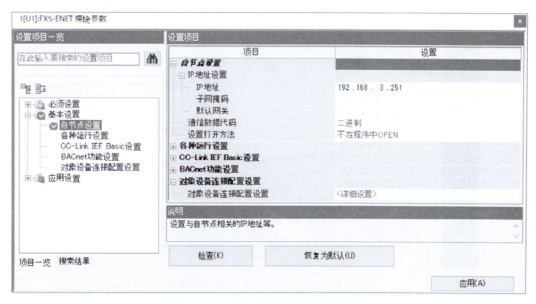

图 3-7　FX5 以太网模块参数的设置界面

将上述设置的参数进行转换，在菜单栏中选择【转换】，使参数生效。

（2）工程工具侧的设置 在 GX Works3 的"简易连接目标设置 Connection"界面进行设置，路径为【在线】→【当前连接目标】。

1）CPU 模块：

① 在"简易连接目标设置 Connection"界面中选择【其他连接方法】，单击【其他连接方法（O）（打开连接目标指定画面）】按钮，如图 3-8 所示。

图 3-8　其他连接方法

② 在"计算机侧 I/F"上选择【以太网插板】，如图 3-9 所示。

③ 在"可编程控制器侧 I/F"上选择【CPU 模块】并双击。在出现的"可编程控制器侧 I/F CPU 模块详细设置"界面中输入 CPU 模块侧的 IP 地址或主机名。主机名设置为在 Microsoft Windows 的 hosts 文件中设置的名称，如图 3-10 所示。

④ 在"其他站指定"中选择【无其他站指定】并双击，根据使用环境设置其他站指定。"本站详细设置"界面如图 3-11 所示。

2）以太网模块：

① 在"简易连接目标设置 Connection"界面中选择【其他连接方法】，单击【其他连接方法（O）（打开连接目标指定画面）】按钮，出现如图 3-12 所示界面。

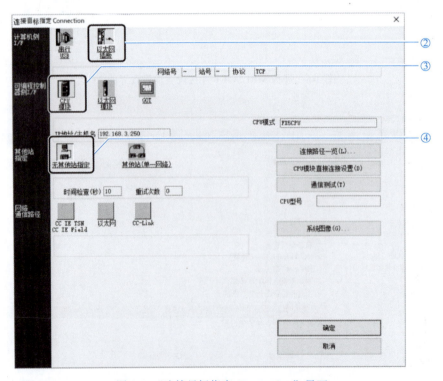

图 3-9　"连接目标指定 Connection"界面

项目 3　简单 CPU 通信应用

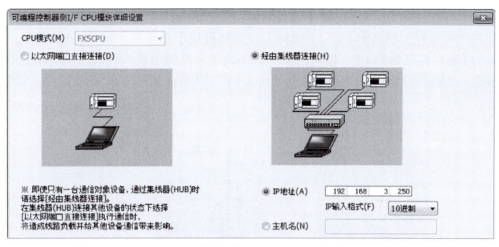

图 3-10　"可编程控制器侧 I/F CPU 模块详细设置"界面

图 3-11　"本站详细设置"界面

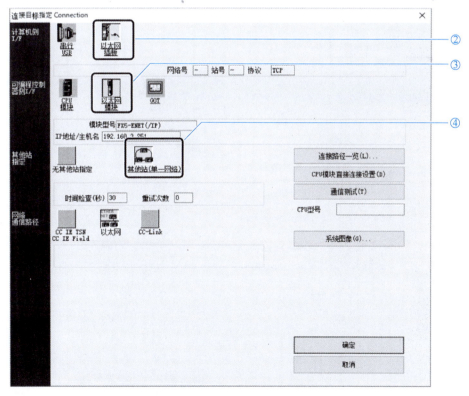

图 3-12　"连接目标指定 Connection"设置界面

② 在"计算机侧 I/F"上选择【以太网插板】，如图 3-12 所示。

③ 在"可编程控制器侧 I/F"上选择【以太网模块】并双击，如图 3-12 所示。

在"可编程控制器侧 I/F　以太网模块详细设置"界面中输入以太网模块侧的 IP 地址或主机名。主机名设置为在 Microsoft® Windows® 的 hosts 文件中设置的名称，如图 3-13 所示。

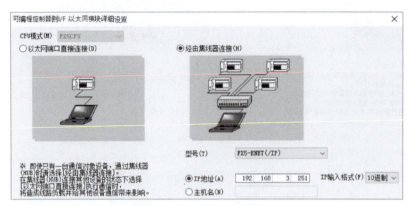

图 3-13　"可编程控制器侧 I/F　以太网模块详细设置"界面

④ 双击"其他站指定"中的"其他站（单一网络）"，根据使用环境设置其他站指定。本站详细设置同前面图 3-11 所示。

3. 搜索网络中的以太网搭载模块或以太网模块

当使用集线器时，在 GX Works3 中可对连接在同一集线器上的以太网搭载模块或以太网模块进行搜索，并列表显示，如图 3-14 所示。

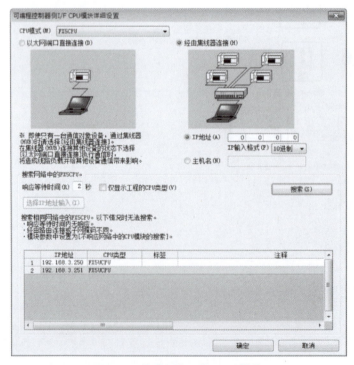

图 3-14　搜索网络上的 CPU 模块

1）CPU 模块：单击【在线】→【当前连接目标】，选择"其他连接方法"，双击【其他连接方法（O）（打开连接目标指定画面）】，从边栏中选择"可编程控制器侧 I/F"，双击【CPU 模块】，进入"可编程控制器侧 I/F CPU 模块详细设置"，单击【搜索】按钮，如图 3-14 所示。

2）以太网模块：单击【在线】→【当前连接目标】，双击【其他连接方法（O）（打开连接目标指定画面）】，从边栏中选择"可编程控制器侧 I/F"，双击【以太网模块】，进入"可编程控制器侧 I/F 以太网模块详细设置"，单击【搜索】按钮，如图 3-15 所示。

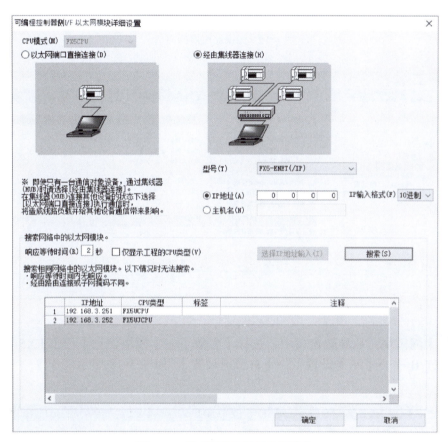

图 3-15 搜索网络上的以太网模块

4. 经由路由器连接

可以通过内置以太网端口，经由路由器利用公司内部 LAN 等进行访问，如图 3-16 所示。

经由路由器进行访问时，除了在模块参数的设置中对 IP 地址进行设置外，也应对子网掩码类型和默认网关 IP 地址进行设置。

1）CPU 模块：从导航窗口中，选择【参数】→【模块型号】→【模块参数】→【以太网端口】→【基本设置】→【自节点设置】，如图 3-17 所示。

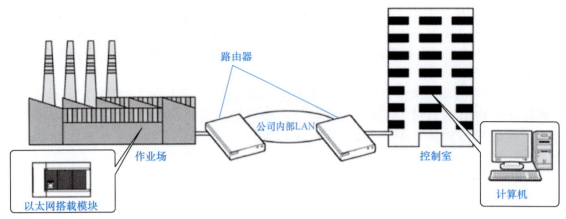

图 3-16　经由路由器的通信

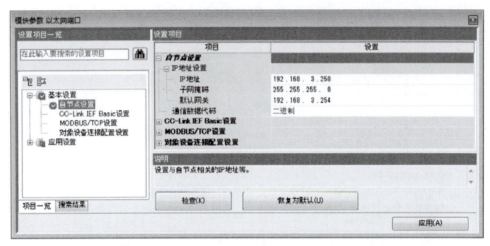

图 3-17　经由路由器连接时 CPU 侧 IP 地址设置

2）以太网模块：从导航窗口中，选择【参数】→【模块信息】→【FX5-ENET】或【FX5-ENET/IP】→【基本设置】→【自节点设置】，如图 3-18 所示。

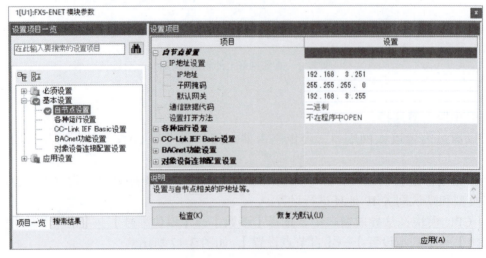

图 3-18　经由路由器通信时以太网模块侧 IP 地址设置

3.1.3 简单 CPU 通信连接常见问题

1）与 LAN 线路连接时：请勿在连接至 LAN 线路的情况下，进行直接连接的设置。否则将对线路造成负担，从而影响与其他外部设备的通信。

2）使用以太网模块直接连接时：只能使用以太网端口的 1 个端口。使用 P1 进行直接连接时，不能使用 P2。同样，使用 P2 时不能使用 P1。

3）非直接连接的连接方式：以太网搭载模块和对象设备连接至集线器时，不是直接连接，是经由集线器连接。

4）不能进行直接连接通信的情况：不能通信时，应修改以太网搭载模块以及计算机的设置。

5）经由路由器进行通信方式不能搜索网络上的以太网搭载模块。

6）经由集线器连接时，不能使用以太网诊断功能。使用以太网诊断功能时，请直接连接以太网搭载模块和 GX Works3。

7）构建网络以及在网络中连接新设备时，应确认 IP 地址是否重复。IP 地址重复时，有可能会与非目标设备进行通信，可以通过连接 CPU 检索功能确认 IP 地址重复状况。

8）与多个 MELSOFT 连接设备（GX Works3 等）以 TCP 进行通信时，应在模块参数中设置与要连接的 MELSOFT 连接设备相同的台数，如图 3-19 所示。

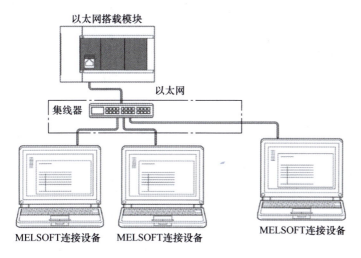

图 3-19　与多个 MELSOFT 连接设备连接时的模块参数设置

9）如所有的 MELSOFT 连接设备同时开始通信，则可能会因通信过于集中而致使通信不畅。该情况下，应错开 MELSOFT 连接设备开始通信的时间，以避免通信过于集中。例如，在各 GOT 中错开设置上升沿时间和通信超时时间。

任务 3.2　实施简单 CPU 通信

任务描述

本实验采用连接集线器的两台相同 FX5U CPU 进行简单 CPU 通信实验,实现字的传输,如图 3-20 所示。1 号站将字母"abc"发送给 2 号站,1 号站读取来自 2 号站的"XYZ"。注意 FX5U CPU 固件版本号必须为 1.10 版本以上。

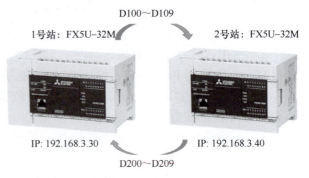

图 3-20　两台 FX5U CPU 简单通信示例

技能学习

3.2.1　1 号站 CPU 参数设置和程序编写

1)双击打开 GX Works3,新建工程,选择 FX5U 机型,如图 3-21 所示。

2)IP 地址的设置。在每个 CPU 模块中创建工程,并设置 IP 地址。双击导航窗口的【参数】→【模块参数】→【以太网端口】→【基本设置】→【自节点设置】,IP 地址设置为 192.168.3.30,如图 3-22 所示。

图 3-21　1 号站 CPU 机型选择

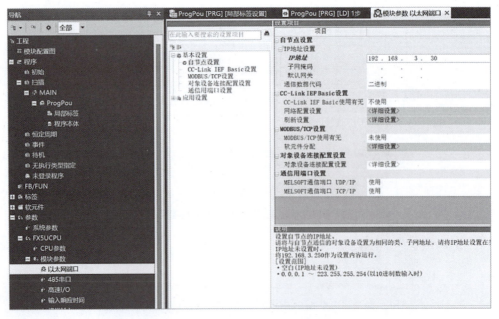

图 3-22　1 号站 CPU IP 地址设置

3)选择<使用>简单 CPU 通信,单击【简单 CPU 通信设置】的"<详细设置>",如图 3-23 所示。

项目 3 简单 CPU 通信应用

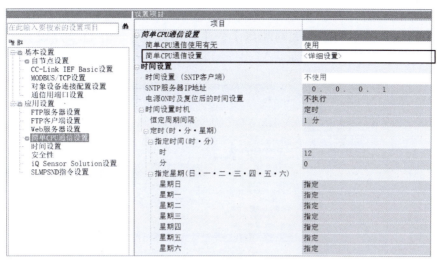

图 3-23 1 号站简单 CPU 通信的详细设置

为了从 FX5U CPU 模块（1 号站）向通信对象设备进行软元件的读取 / 写入而进行的设置，以 1∶1 设置通信对象（传送源和传送目标）。此外，应将下述以外的设置设为默认值，具体设置见表 3-2。

表 3-2 通信对象设备进行软元件的读取 / 写入设置

设置号	通信类型	通信对象（IP 地址）		位软元件		字软元件	
		传送源	传送目标	传送源	传送目标	传送源	传送目标
1	写入		·设备类型：三菱 iQ-F（内置以太网） ·IP 地址：192.168.3.40			类型：D 起始：100 结束：109	类型：D 起始：100
2	读取	·设备类型：三菱 iQ-F（内置以太网） ·IP 地址：192.168.3.40				类型：D 起始：200 结束：209	类型：D 起始：200

4）将参数写入 FX5U CPU 模块（1 号站）。

5）1 号站程序编写如图 3-24 所示。

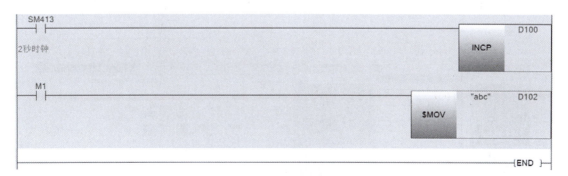

图 3-24 1 号站程序编写

3.2.2 2 号站 CPU 参数设置和程序编写

1）双击打开 GX Works3，新建工程，选择 FX5U 机型，同图 3-25。

2）IP 地址的设置。在每个 CPU 模块中创建工程，并设置 IP 地址。双击导航窗口的【参数】→【模块参数】→【以太网端口】→【基本设置】→【自节点设置】，IP 地址设置为 192.168.3.40，如图 3-25 所示。

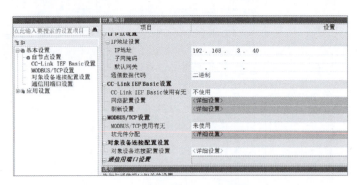

图 3-25　2 号站 CPU IP 地址设置

3）由于在 1 号站进行了【简单 CPU 通信设置】的"＜详细设置＞"，2 号站不再设置，单击【应用（A）】按钮。

4）将参数写入 FX5U CPU 模块（2 号站）。

5）2 号站程序编写，如图 3-26 所示。

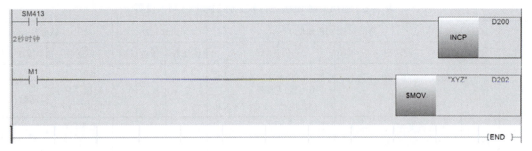

图 3-26　2 号站程序编写

6）简单 CPU 通信的开始。将 FX5U CPU 模块（1 号站）的电源断开再接通或复位，通过将已写入的参数设为有效，开始简单 CPU 通信。

7）通信状态的确认。确认是否可以按照设置示例进行通信，如图 3-27 所示。

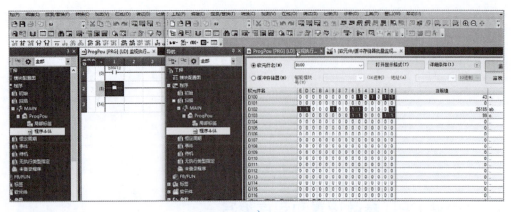

a）

图 3-27　1 号站和 2 号站存储器 D 中内容的变化

项目 3　简单 CPU 通信应用

b)

图 3-27　1 号站和 2 号站存储器 D 中内容的变化（续）

本项目小结

1. 简单 CPU 通信使用内置以太网卡的 MELSOFT 产品进行数据通信，仅通过 GX Works3 进行简单的参数设置，可构建无程序的通信。

2. 内置以太网卡的三菱 iQ-R CPU、iQ-F CPU、MELSEC-Q CPU、MELSEC-L CPU 可以与西门子 S7 系列对应设备进行简单 CPU 通信。

3. 与 PC 直连的内置以太网卡的 CPU 或搭载以太网模块的 CPU，不使用集线器（交换机），不设置 IP 地址，仅使用 1 根以太网电缆，当前连接目标设置为"直接连接设置"后即可通信。

4. 经由集线器连接的以太网通信，需要对以太网模块侧和 CPU 模块侧设置不同的 IP 地址，还要在 CPU 侧进行 MELSOFT 连接设置，添加对象连接配置设置，并在连接时在 GX Works3 中选择"其他连接方法"进入"经由集线器连接"选项，搜出上述设置的 IP 地址，单击即可连接。

5. 经由路由器进行简单 CPU 通信时，除了在模块参数中设置 IP 地址外，还要设置子网掩码和默认网关地址。

测试

1. 在触摸屏设备初次连接设置时，用 GT Design 进行工程工具连接，请选择连接方式。（　　）
　　A. 经由路由器连接　　　　　　B. 经内置以太网卡连接
　　C. 经由以太网模块连接

2. 多个 FX5U CPU 与多个 GS 系列触摸屏通过以太网进行通信时，请选择最简单的通信方式。（　　）
　　A. CC-Link IE 协议通信　　　　B. 简单 CPU 通信
　　C. Modbus 通信

3. 一个 FX5U CPU 与 3 个 GS 系列触摸屏通过以太网进行简单 CPU 通信，应该在对象设备连接配置设置中，拖出（　　）这种以太网通用设备进行连接设置。

A. SLMP 设备　　　B. UDP 设备　　　C. Active 设备　　D. MELSOFT 连接设备

4. 简单 CPU 通信连接时连接不上，请选择正确的原因（　　）。（多选）

A. 在局域网 LAN 线路连接时使用直接连接的设置

B. 使用以太网模块的以太网端口用了 P1 口进行直接连接设置

C. 使用以太网模块的以太网端口用了 P1 口和 P2 口进行直接连接设置

5. 与 N 个 MELSOFT 连接设备（GX Works3 等）以 TCP 进行通信时，应在模块参数中设置与要连接的 MELSOFT 连接设备的数量关系为（　　）。

A. N　　　　　　B. $N+1$

项目 4
串行通信应用

📋 项目引入

串行通信具有历史长、技术成熟、零部件价格便宜等特点，至今仍常被用作与测量器和条形码读取器等设备的数据通信手段。本项目中，以串行通信中具有代表性的 RS-232 接口为主进行案例说明。使用串行通信模块进行通信时，连接设备的灵活性较高，如果不理解对象连接设备的通信规格，则无法正常通信。那么串行通信有什么特点？如何进行通信模块的参数设置？需要编写通信协议吗？带着这些问题，开始本项目的学习。

◀◀ 任务 4.1　认识串行通信规格 ▶▶

🔍 任务描述

要进行站点之间的串行通信，需要确认通信设备双方是否符合串行通信规格，也就是先选择好通信设备，判断接口是否能建立串行通信连接，然后进行通信参数的设置，选择流和数据间隔控制模式。做好这些准备工作，才能进行接线，以及后续的编程。本任务就是带领大家学习通信规格的知识。

📚 知识学习

以下对串行通信的通信参数、通信协议、流控制、接口类型和数据分隔等进行说明。

4.1.1　通信参数

通信规格包括通信参数、通信协议和流控制。在设计阶段，需确认要进行通信的设备双方是否符合通信规格。

串行通信的重要通信参数如图 4-1 所示。

1）数据位。使用 7bit 来表示数字、字母，因此在只发送数字、字母时，选择 7bit，可稍微减少数据量。

图 4-1　串行通信重要参数

2）奇偶校验位。设置该项后，在数据因干扰而发生乱码时，也可识别到乱码。

3）停止位，表示数据结束的位。

4）波特率，表示 1s 间可发送的位数，即传送速度。速度越快，传送所需的时间越短，但有时可能因干扰等的影响，需要进行调整。

连接设备双方的所有参数都必须设置为相同。通信参数的设置因连接设备而异，有很多连接设备的参数值是固定的，需调查连接设备的规格，调整串行通信模块的通信参数。

4.1.2 通信协议

通信协议是指通信时的约定，包括以下约定：
1）正常接收后，将发回表示正常的特定编码。
2）在发生错误时，将附加错误码后发送。

这些通信协议是为连接对象设备规定的，因此在设计时需要先确认规格。

串行通信模块中通信协议的设置只需使用后述说明的通信协议的支持功能，在工程软件中选择已注册的通信协议即可。

关于未注册的通信协议，用户可进行注册，不需要通过PLC程序进行处理，即可自动使用指定软元件进行数据收发。

4.1.3 流控制

流控制是为了防止发生接收端数据遗漏的一个步骤，分为硬件流控制和软件流控制。

（1）硬件流控制 使用部分信号线，向发送端发回表示可否接收的应答，以调整发送时间。在串行通信模块可设置的硬件流控制为DTR/DSR控制，要连接RS/CS控制的设备时需要注意。

（2）软件流控制 使用特定的编码向发送端发回表示可否接收的应答，以调整发送时间。代表性的软件流控制有Xon/Xoff控制。工程软件设置中的DC1/DC3控制与此控制相同。

根据连接设备不同，有时可能不进行流控制。此时需要进行以下处理：
1）调整发送间隔。
2）在接收端识别到数据遗漏，废弃发生了遗漏的数据。

4.1.4 接口类型

1. RS-232接口

RS-232在多数情况下都通过九针D-Sub连接器连接，如图4-2所示。各连接针脚按照标准对应不同功能，如图4-3所示。请注意，PC串行端口与RS-232兼容，针脚是突出的公头型，但可编程控制器的RS-232端口则为母头型。信号线由通信线和控制线构成，使用哪一种信号线是由连接设备的通信规格决定的。如果希望使用的配线不是市售品，则需要进行连接器加工和配线。

图4-2 九针D-Sub连接器

2. RS-422/RS-485接口

RS-422/RS-485是根据差分信号进行通信的接口标准，具体接口如图4-4所示。使用差分信号时，一个信号使用成对的两根信号线，则抗干扰性比较强，适合用于长距离传送。因无控制线，进行流控制时，必然为软件流控制。RS-422的信号线分为发送用和接收用信号线。RS-485则是一个信号线兼用于发送和接收。

项目 4 串行通信应用

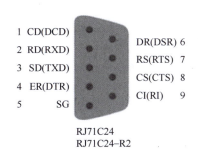

针脚号	信号简称	信号的功能	信号方向 模块⇔对象设备
1	CD(DCD)	数据通道接收载波检测	⇐
2	RD(RXD)	接收数据	⇐
3	SD(TXD)	发送数据	⇒
4	ER(DTR)	数据终端就绪	⇒
5	SG	信号地	⇔
6	DR(DSR)	数据设置就绪	⇐
7	RS(RTS)	发送请求	⇒
8	CS(CTS)	发送清除	⇐
9	CI(RI)	调用状态显示	⇐

图 4-3 九针 D-Sub 连接器针脚功能

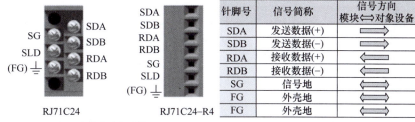

针脚号	信号简称	信号方向 模块⇔对象设备
SDA	发送数据(+)	⇒
SDB	发送数据(-)	⇒
RDA	接收数据(+)	⇐
RDB	接收数据(-)	⇐
SG	信号地	⇔
FG	外壳地	⇔
FG	外壳地	⇔

图 4-4 RS-422/RS-485 接口

4.1.5 数据分隔

接收数据时,一般是以某种程度的长度分隔后接收。数据的分隔方法分为:根据数据数分隔和根据接收结束码分隔两种方法。数据的分隔因发送端对象设备的通信规格而异,因此在设计时请确认对象设备的通信规格。可将用于接收数据的接收结束码、接收结束数据数变更为任意的设置值后接收数据。

1)使用接收结束码的接收方法,用于接收可变长度数据。图 4-5 所示为从对象设备发出的数据长度为可变长度时的数据接收方法。在报文的最后附加串行通信模块中设置的接收结束码"CR+LF"或任意的 1 字节数据,然后从对象设备发出数据。

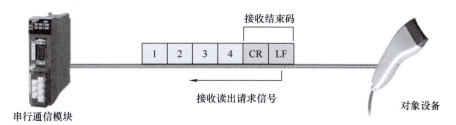

图 4-5 使用接收结束码的接收方法

2)接收固定长度数据,指不使用接收结束码的接收方法。图 4-6 所示为数据长度固定的数据接收方法。数据长度根据对象设备而固定,因此不需要接收结束码。从对象设备发出与串行通信模块中设置的结束数据数相对应的数据。

3)无接收结束码,指可变长度数据接收。如图 4-7 所示,从对象设备发出的发送数据为未附加接收结束码的,可变长度数据时,以 1 字节为单位进行接收处理。

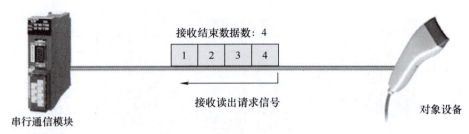

图 4-6　接收固定长度数据且不使用接收结束码

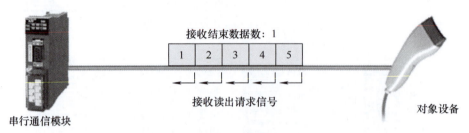

图 4-7　无接收结束码的可变长度数据接收

本项目使用接收结束码的接收方法作为案例进行说明。

◀◀◀ 任务 4.2　认识串行通信模块 ▶▶▶

任务描述

串行通信模块有多种类型，那么如何选择？要根据对象设备通信接口特点进行匹配，看对象设备是用 1 个 RS-232 通道或 1 个 RS-422/485 通道，还是 2 个 RS-232 通道或 2 个 RS-422/485 通道。确定通信模块类型后，就要进行通信线缆的连接，线缆端子接线器要进行制作，根据实现不同的功能选择接线方法。接好线的通信模块，用 GX Works3 进行设置，明确用哪一种通信协议，并保存工程。下面带领大家进行这些方面知识的学习。

知识学习

以下对串行通信模块的种类、各部分的名称、LED 的显示内容等进行说明。

4.2.1　串行通信模块的种类

串行通信模块是一种智能功能模块，使用接口标准 RS-232、RS-422/485，连接测量器或条形码读取器等设备和 PLC 实现数据通信。以 MELSEC iQ-R 系列 PLC 为例，各串行通信模块可同时使用其中 1 个通道。根据接口的组合，串行通信模块分为 3 种机型，分别是 RJ71C24、RJ71C24-R2 和 RJ71C24-R4，如图 4-8 所示。

本书中使用 RJ71C24 的 RS-232 接口第 1 通道进行说明。

项目 4 串行通信应用

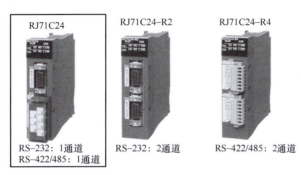

图 4-8 串行通信模块

4.2.2 串行通信模块各部分名称

以下对串行通信模块各部分名称和功能进行说明，如图 4-9 所示。

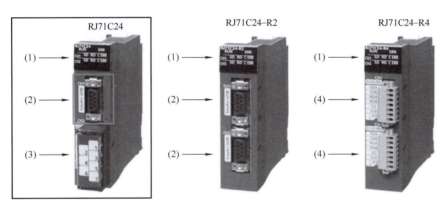

No.	名称	功能
(1)	显示 LED	LED 灯
(2)	RS-232 接口	用于与对象设备进行串行通信的 RS-232 接口 (D-Sub9p 母头)
(3)	RS-422/485 接口	用于与对象设备进行串行通信的 RS-422/485 接口 (两片式端子排)
(4)	RS-422/485 接口	用于与对象设备进行串行通信的 RS-422/485 接口 (两片式推入端子排)

图 4-9 串行通信模块各部分说明

4.2.3 LED 名称和显示内容

以下对串行通信模块的 LED 名称和显示内容进行说明，如图 4-10 所示。

■LED 显示一览表

通道	LED 名称	LED 显示内容	LED 显示的含义		
			灯亮	闪烁	灯灭
—	RUN	运行状态	正常	—	重度异常
	ERR	模块的错误状态	硬件、数据通信的异常	参数异常	正常
CH1/2	SD	数据的发送状态	数据发送中		数据未发送
	RD	数据的接收状态	数据接收中		数据未接收
	C ERR	通信错误状态	通信错误	—	正常

图 4-10 LED 名称和显示内容

4.2.4 通信线的连接

串行通信模块的连接说明如下：

1. RS-232 接口与设备的连接

使用了 RJ71C24、RJ71C24-R2 接口与对象设备的连接如图 4-11 所示。

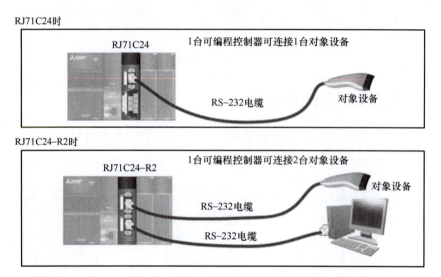

图 4-11　RS-232 接口与设备的连接

2. RS-232 接口信号的配线

全双工通信的情况下，RS-232 接口的连接方法有三种情况：

1）设置有 CD（DCD）信号（1 号针）通断检查时，与对象设备的连接，可以实现 DTR/DSR 控制、DC 代码控制，如图 4-12 所示。应根据对象设备的规格进行 CD 端子检查设置。

2）设置无 CD（DCD）信号（1 号针）通断检查时，与对象设备的连接，可以实现 DTR/DSR 控制、DC 代码控制，如图 4-13 所示。

3）设置无 CD（DCD）信号（1 号针）通断检查时，与对象设备的连接，可以实现 DC 代码控制，如图 4-14 所示。

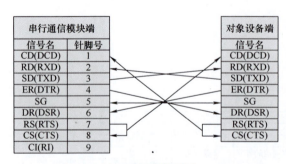

图 4-12　全双工通信情况下 RS-232 接口信号配线第一种情况

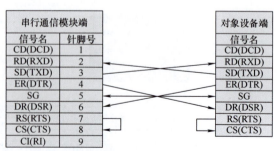

图 4-13　全双工通信情况下 RS-232 接口信号配线第二种情况

项目 4　串行通信应用

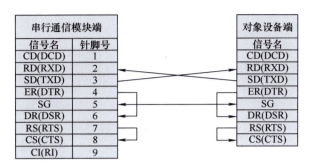

图 4-14　全双工通信情况下 RS-232 接口信号配线第三种情况

4.2.5　串行通信模块的通信协议

串行通信模块的通信协议见表 4-1。

表 4-1　串行通信模块的通信协议

通信协议	说明	控制的方向
无顺序协议	无顺序协议数据通信是指在对象设备和 CPU 模块间以任意的报文格式及传送控制顺序发送 / 接收任意数据的功能。根据对象设备自由创建报文的模式 在需要以测量器、条形码读取器等对象设备固有的协议进行数据通信时，指定该协议	从可编程控制器到连接设备 主动的[1]
通信协议支持	使用通信协议支持功能，根据对象设备端的协议进行数据通信 协议的设定可从预先准备的通信协议库中选择，也可任意创建 / 编辑 将所设定的协议写入 CPU 内置存储器、SD 存储卡或串口通信模块的闪存 ROM，以专用命令（CPRTCL）执行 通信协议支持功能的详细内容将在第 3 章中进行说明	
MC 协议	MC 协议是一种可编程控制器用通信方式，用于使对象设备通过串口通信模块对 CPU 模块的软元件数据、程序进行读出 / 写入 根据 MELSEC 可编程控制器的协议，如果是可收发数据的对象设备，则可访问 CPU 模块	从连接设备到可编程控制器 被动的[2]
双方向协议	可根据已准备的单一协议，从 PC 等外部设备比较简单地收发数据 可编程控制器端使用专用命令（BIDIN、BIDOUT）进行应答	

[1] 主动的：从可编程控制器对连接设备发出指令，接收应答。
[2] 被动的：从连接设备获得指令，发回软元件的数值和状态作为应答内容。

4.2.6　串行通信模块的设置方法

使用工程软件 GX Works3 进行串行通信模块的初始设置或协议的注册，如图 4-15 所示，详细内容将在 4.3 节中说明。本项目采用通信协议支持功能。

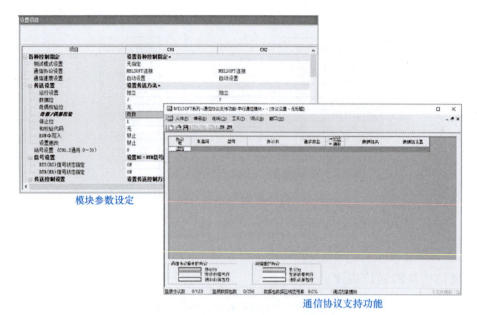

模块参数设定

通信协议支持功能

图 4-15 串行通信模块的初始设置或协议的注册

任务 4.3 条形码读取

任务描述

本项目以物料传送分选系统进行串行通信应用示例讲解，如图 4-16 所示。该系统在传送带上输送物料，通过信号灯附近的条形码读取器读取物料上的条形码。条形码读取器和可编程控制器通过 RS-232 接口连接到串行通信模块。检测到物料后，向条形码读取器发送条形码读取请求。条形码读取器读取到的数据将被写入 PLC 模块的软元件。在来自条形码读取器的信息末尾附加接收结束码 CR+LF，将其以可变长度数据发出。通过本案例学习，可了解系统构成、连接方法及各种设置操作，理解实际运行串行通信模块所需的操作并学会用专用命令的编程方法。

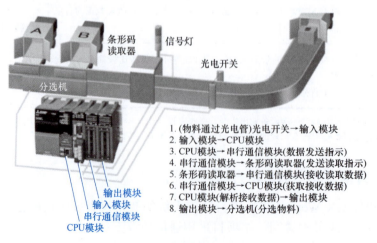

图 4-16 物料传送分选系统

项目 4　串行通信应用

> 技能学习

4.3.1　运行前的设置和步骤

运行串行通信模块之前的设置步骤如图 4-17 所示。

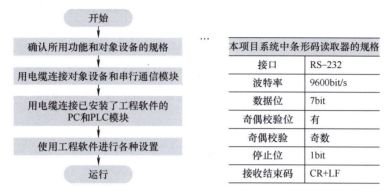

图 4-17　运行串行通信模块之前的设置步骤

4.3.2　模块参数的设置

与对象设备进行数据通信所需的模块参数设置如图 4-18 所示。从 GX Works3 的"导航窗口"选择【参数】→【模块信息】→【RJ71C24】→【模块参数】,对第 1 通道进行设置,包括与对象设备通信的协议和通信速度等。设置内容解释见表 4-2。

图 4-18　模块参数设置

表 4-2　模块参数说明

参数名称		参数解释
通信协议设置		设置与对象设备的通信内容
通信速度设置		设置与对象设备的通信速度
传送设置	动作设置	设置 2 个通道是用于独立的数据通信,还是联动使用
	数据位	设置与对象数据间收发的数据的 1 字符位长度
	奇偶校验位	设置在收发的数据中是否附加奇偶校验位
	奇数 / 偶数校验	设置奇偶校验位是奇数校验还是偶数校验
	停止位	设置与对象设备间收发的数据的停止位长度
	和校验代码	设置是否对发送报文、接收报文附加和校验代码
	RUN 中写入	设置在 CPU 模块的 RUN 中状态下可否写入
	设置更改	设置在模块启动后是否允许变更设定
站号设置(CH1/2 通用:0 ~ 31)		设置使用 MC 协议时对象设备所指定的站号

字 / 字节单位的选择：表示切换发送 / 接收数据单位的设置。单位可指定为字或字节。初始值为字单位。希望以字节单位处理数据时，需更改设置。

在本项目的系统中，使用初始值的字单位，如图 4-19 所示。

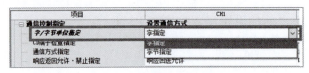

图 4-19　数据单位的设置

接收结束数据数、接收结束代码的指定：在本项目的系统中，保持初始值不变，但在使用无顺序协议收发数据时，请参考表 4-3 设置，指定接收数据的数据数和用于识别接收结束代码的设置。

表 4-3　无顺序协议收发数据方法设置

接收方法	接收结束数据数 初始值：511（1FFH）字	接收结束代码 初始值：CR+LF
可变长度	接收数据数在初始值以下时，不需要更改 接收数据数在初始值以上时，则分隔数据后接收 希望 1 次接收完数据时，需要进行更改 详细内容请参照您所用串行通信模块的手册	接收结束代码与初始值不同时，需要更改
固定长度	需根据要接收的数据长度进行更改	需更改为无指定（FFFFH）

接收结束代码为无指定，设置为 FFFF。接收数据为固定长度，接收结束数据数指定为 10，如图 4-20 所示。

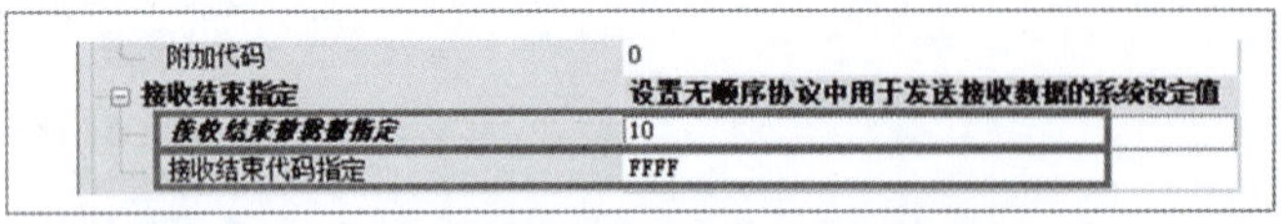

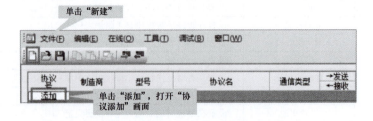

图 4-20　接收结束代码的设置

模块参数的说明到此结束。之后将模块参数写入 CPU 模块，进行 CPU 模块的复位。

4.3.3　通信协议的设置

本项目案例使用通信协议支持功能，可通过使用了专用命令的简单 PLC 程序与对象设备进行协议通信。与个别创建 PLC 程序时相比，可减小程序容量，缩短程序创建工时。

从 GX Works3 的【工具】菜单执行【通信协议支持功能】，选择【串行通信模块】，打开【通信协议支持功能】界面，如图 4-21 所示。

图 4-21　"通信协议支持功能"界面

项目4　串行通信应用

分为两种情况：要连接的设备的通信协议是否已注册到工程软件中。

1）通信协议已注册到工程软件中时，在"协议添加"界面选择厂家、型号、协议名。

2）通信协议未注册到工程软件中时，又有两种情况。

① 通信协议已载入三菱电机自动化（中国）官网，从三菱电机自动化（中国）官网下载通信协议，在注册到工程软件中后，进行1）的操作。

② 通信协议未载入三菱电机自动化（中国）官网时，新建通信协议。

本项目中，对根据要连接的设备新建通信协议的步骤进行说明。

1. 协议添加

1）通信协议已注册到工程软件中时，在"协议添加"界面中指定厂家和型号后，单击【确定】按钮，如图4-22所示。

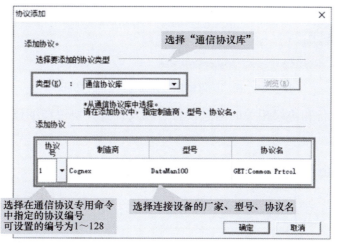

图4-22　在"协议添加"界面选择"通信协议库"

2）通信协议未注册到工程软件中，通信协议未载入三菱电机自动化（中国）官网时，在"协议添加"界面的类别中选择"新建"，如图4-23所示。

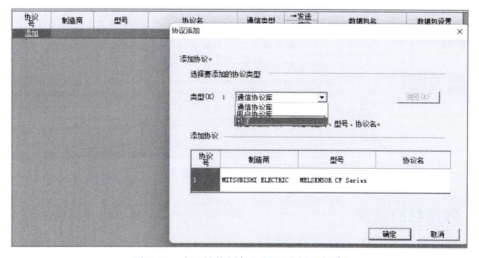

图4-23　在"协议添加"界面选择"新建"

2. 协议详细设置

设置要新建的通信协议的信息、收发数据的内容，如图4-24所示。

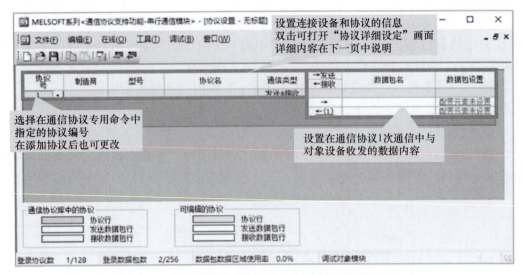

图4-24 在"协议添加"界面选择添加"协议号"

进行与连接设备和协议相关的信息设置、收发设置，协议详细设置如图4-25所示。

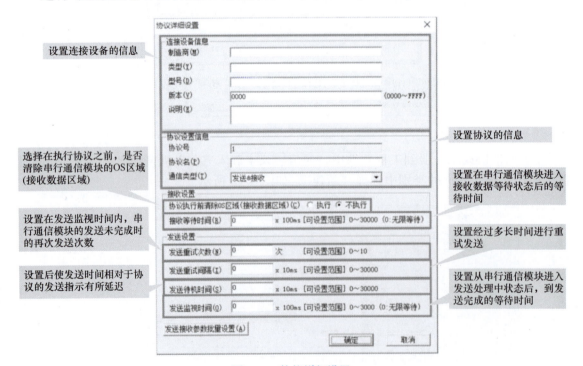

图4-25 协议详细设置

4.3.4 数据包的设置

通信协议以数据包为单位，设置在1次通信中要与对象设备收发的数据。在"配置元素设置"界面中定义数据包中所含的数据构成，如图4-26所示。

项目4 串行通信应用

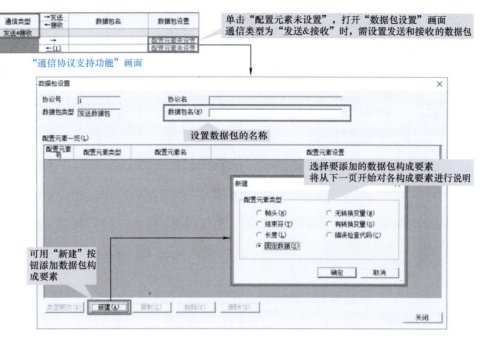

图4-26 "数据包设置"界面

1. 数据包元素的设置

数据包配置元素包括：

1）数据头：在数据包开头有特定的编码、字符串时使用。

发送时：发送指定的编码、字符串。

接收时：对照数据头和接收数据。

2）结束符：有表示数据包结束的编码、字符串时使用。

3）固定数据：在数据包中有指令等的特定编码、字符串时使用。

发送时：发送指定的编码、字符串。

接收时：对照接收数据。

可在数据部分的任意位置设置多个固定数据，设置界面如图4-27所示。

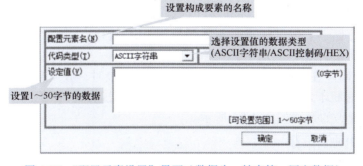

图4-27 "配置元素设置"界面（数据头、结束符、固定数据）

4）长度：在数据包中有表示数据长度的配置元素时使用。设置界面如图4-28所示。

发送时：自动计算出指定范围的数据长度，附加到数据包中后发送。

接收时：将接收到的数据中与长度对应的数据值跟指定范围的数据长度进行对照。

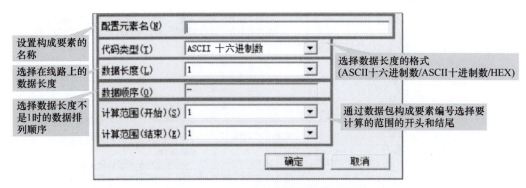

图 4-28　配置元素中数据长度设置界面

5）无转换的变量。在以下情况下使用：不加工软元件和缓冲存储器的数据，将其作为发送数据包的一部分发送时；不加工接收数据包的部分数据，将其保存到软元件和缓冲存储器时。具体设置如图 4-29 所示。

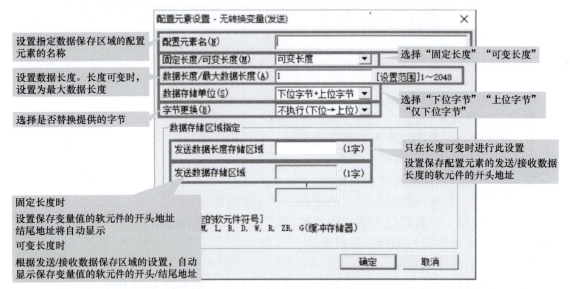

图 4-29　配置元素中无转换的变量设置界面

6）有转换的变量。加工软元件和缓冲存储器的数据后发送，或加工接收数据后保存到软元件和缓冲存储器。数据加工时不需要使用 PLC 程序，可减小程序容量，缩短程序创建工时。具体设置如图 4-30 所示。

7）错误检查码。在使用有表示错误检查码的数据包时，收发数据时自动计算出指定的错误检查码，附加于发送数据包中，或进行接收数据包的错误检测。"配置元素设置"界面有关错误检查码的设置如图 4-31 所示。

2. 案例系统中协议设置

本项目中的案例系统中，通信协议的发送/接收数据包构成如下：

（1）发送数据包　包含条形码读取开始指令字符串的发送数据包。由帧头 MI（数据头，为 ASCII 码）、固定数据 TR（指令字符串，为 ASCII 码）、结束符 CR+LF（数据包结束码，为 ASCII 控制码）构成，如图 4-32 所示。

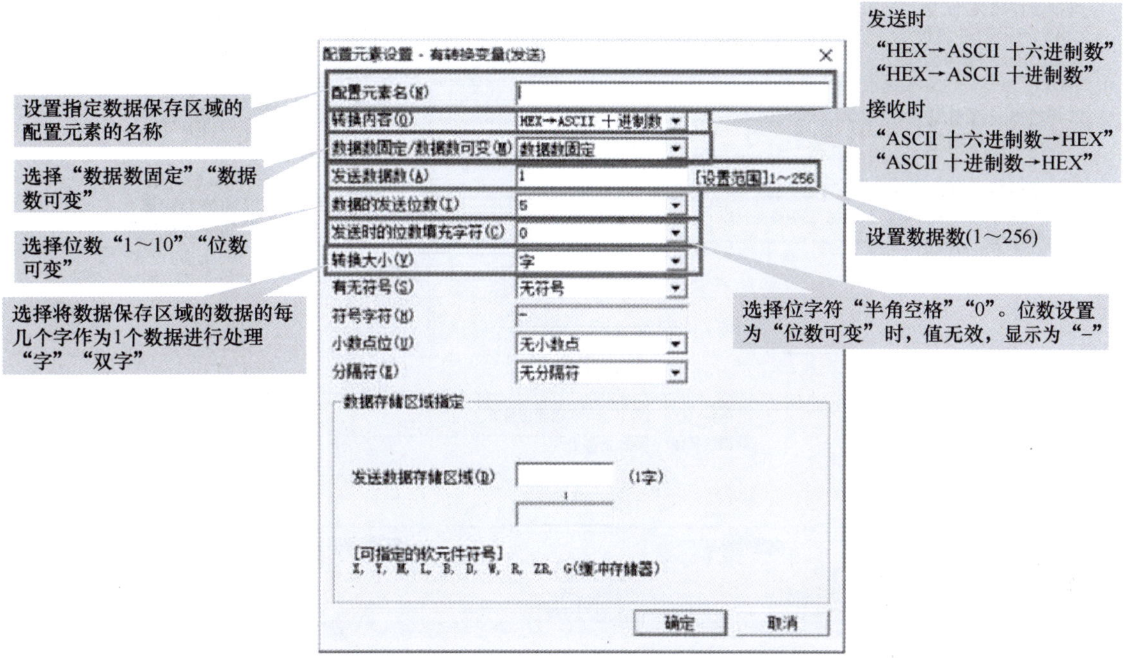

项目4 串行通信应用

a)

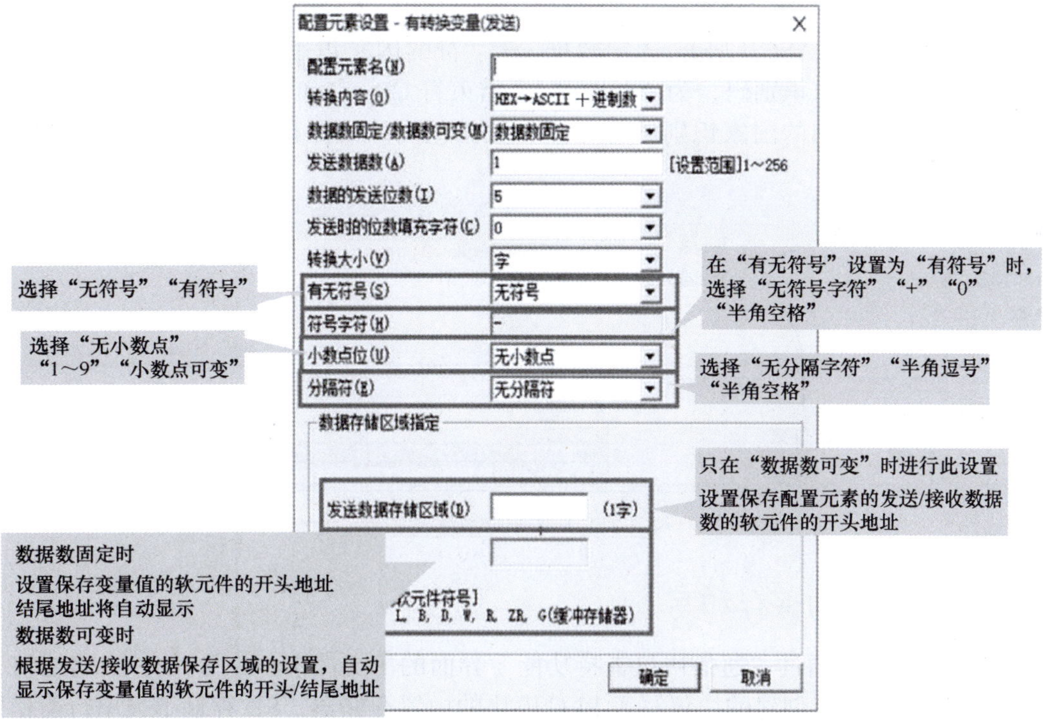

b)

图4-30 配置元素中有转换的变量设置界面

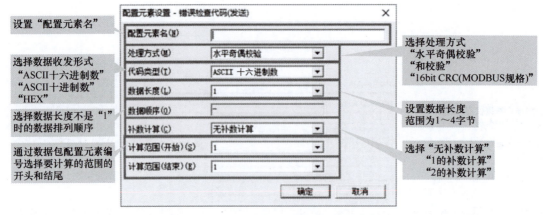

图 4-31　配置元素中错误检查码设置界面

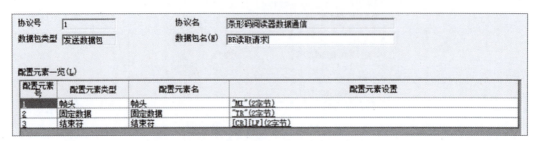

图 4-32　发送数据包设置

（2）接收数据包　包含条形码读取到的国家识别码（CHN/USA）的接收数据包。由帧头 MI（数据头，为 ASCII 码）、固定数据（3 字符的国家识别码，为 ASCII 码）、无转换变量（读取到的国家识别码，为 ASCII 码）、结束符 CR+LF（数据包结束码，为 ASCII 控制码）构成。读取到的国家识别码将在接收数据包内，被保存在软元件 D600 和 D601 中，如图 4-33 所示。

图 4-33　接收数据包设置

4.3.5　创建协议的保存和写入

创建协议后，可通过"通信协议支持功能"界面的【文件】→【另存为】，将协议保存到协议设置文件。将创建的协议写入 PLC 模块的内置存储器、SD 存储卡或串行通信模块。写入 PLC 内置存储器后，即使更换串行通信模块，也不需要再次写入协议。

通过"通信协议支持功能"界面的【在线】→【模块写入】，单击【执行】按钮，进行协议的写入，如图 4-34 所示。

项目 4 串行通信应用

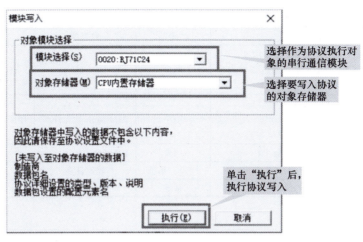

图 4-34 执行协议写入界面

4.3.6 专用指令和 PLC 编程

1. 专用指令

使用专用命令，可从 PLC 程序执行写入到模块的协议设置数据。图 4-35 所示为专用指令的表达方式，设置数据的具体含义见表 4-4。

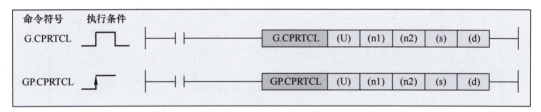

图 4-35 专用指令

表 4-4 设置数据的具体含义

设置数据	项目	内容	设置范围	设置端	本课程的系统
(s)+0=D500	执行结果	保存 G（P）.CPRTCL 命令的执行结果。执行多个协议设置数据时，保存最后执行的协议设置数据的执行结果 0：正常 0 以外：错误码	—	系统	正常应答时为 0 发生错误时系统自动写入错误码
(s)+1=D501	执行数结果	保存协议设置数据的执行数 发生了错误的协议设置数据也包含在执行数中 设置数据、控制数据的设置内容有误时，保存 0	1～8	系统	正常应答时系统自动写入 1
(s)+2=D502 ⋮ (s)+9=D509	指定执行协议编号	设置第 1 个执行的协议编号，或特殊协议编号 ⋮ 设置第 8 个执行的协议编号，或特殊协议编号	1～128 201～207	用户	只使用协议编号 1，因此向 D502 写入 1

控制数据是指在执行 GP.CPRTCL 时所需参数的保存位置或执行结果的保存位置。控制数据设置的具体含义见表 4-5。

表 4-5 控制数据设置的具体含义

设置数据	内容	设置端	数据型	本课程的系统
(u)	串口通信模块的开头输入输出信号 （00H～FEH：用4位十六进制数表示输入输出信号时的前3位）	用户	BIN 16bit	指定模块的安装插槽 0
(n1)	与对象设备通信的频道 1：通道 1（CH1 端） 2：通道 2（CH2 端）	用户	BIN 16bit 软元件名	使用通道 1，因此指定为 1
(n2)	协议设置数据的连续执行数（1～8）	用户	BIN 16bit 软元件名	指定一次处理的协议数 1
(s)	保存控制数据的软元件的开头编号	用户、系统	软元件名	指定 D500
(d)	执行完成时变为 ON 的位软元件编号	系统	bit	指定 M1000

2. PLC 程序编写

使用专用命令的 PLC 程序如图 4-36 所示。在物料通过光电开关时，向条形码读取器请求开始读取，执行通信协议设置。

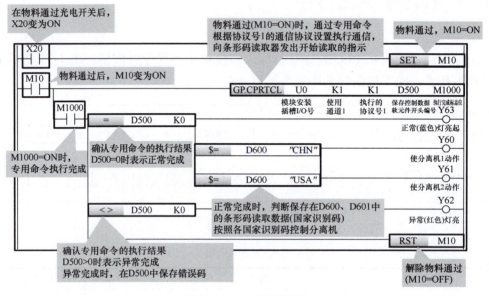

图 4-36 PLC 程序编写

任务 4.4 故障排除

任务描述

通过物料传送分选系统的实施，已经学会如何进行串行通信模块的接线布置、参数设置、专用指令使用，但在实际实施过程中，并不会一帆风顺，会出现无法通信报错等问题。这时，该如何诊断通信网络呢？下面就带领大家学习如何进行网络故障排除。

技能学习

学习故障发生时的各种网络诊断方法。

4.4.1 报错处理

在串行通信模块与对象设备间的数据通信中,部分错误内容和处理方法的说明见表 4-6。

表 4-6 串行通信模块报错处理

现象	原因	处理
执行通信协议后,ERR LED 灯亮	• 发生了通信错误	• 通过模块诊断确认错误内容,排除错误原因
ERR LED 灯闪烁	• 模块参数的设置有误	• 再次确认模块参数的设置
CERR LED 灯亮	• 数据收发时串行通信模块检测到错误	• 通过智能功能模块监视确认错误码
即使从对象设备发送报文,"RD"灯也不闪烁	• 对象设备端的发送控制信号未接通	• 修复对象设备端 CTS 配线
即使从串行通信模块执行发送要求,"SD"灯也不闪烁	• RS-232 信号的"DSR"或"CTS"未接通	• 通过智能功能模块监视,确认 RS-232 信号的状态 • 进行通信对象 RS-232 信号线的修复
从对象设备发送报文,"RD"灯闪烁,但串行通信模块的接收读取请求信号(X3/XA)不接通	• 通信协议的设置有误	• 确认模块参数的通信协议设置
	• 对象设备未附加接收结束代码	• 通过线路追踪,确认收发数据

4.4.2 模块诊断确认错误内容

通过模块诊断,可确认串行通信模块上发生的错误内容、原因、处理方法。从 GX Works3 的【诊断】菜单的【系统监视】启动【模块诊断】界面,如图 4-37 所示。

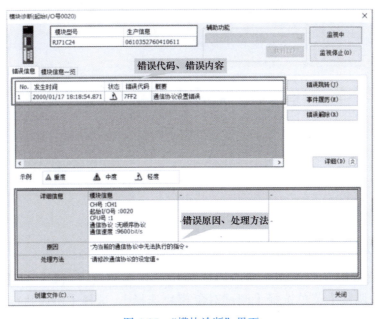

图 4-37 "模块诊断"界面

4.4.3 智能功能模块监视

通过智能功能模块监视，可确认 RS-232 信号的状态或错误码等串行通信模块的状态。在 GX Works3 的【智能功能模块监视】中添加作为监视对象的串行通信模块后，可执行本功能，如图 4-38 所示。

4.4.4 线路跟踪确认收发数据

通过线路跟踪，可临时记录串行通信模块与对象设备间的收发数据和通信控制信号的状态，确认是否按照计划进行了数据收发。通过 GX Works3 的【工具】→【线路跟踪】执行本功能，如图 4-39 所示。

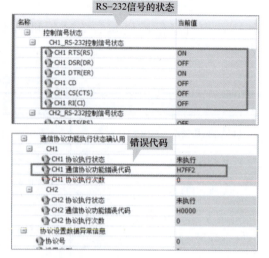

图 4-38 "智能功能模块监视"界面

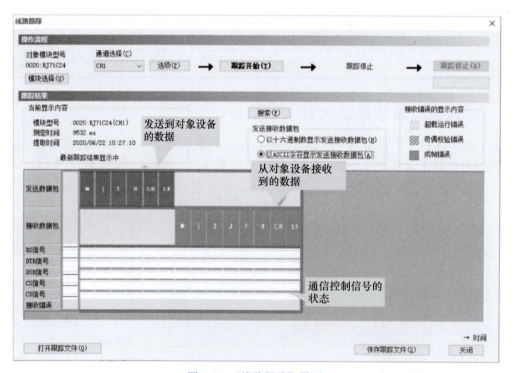

图 4-39 "线路跟踪"界面

4.4.5 协议执行记录

通过协议执行记录，可确认通信协议的执行状态和执行结果。从【通信协议支持功能】界面的【调试】菜单选择【调试对象模块选择】，选择【协议执行记录】，结果如图 4-40 所示。

项目 4 串行通信应用

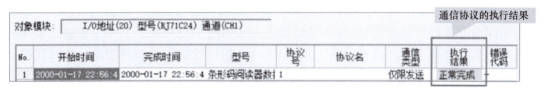

图 4-40 "协议执行记录"界面

仅在初始状态下异常结束时显示协议执行记录。如果要显示所有协议的执行状态和执行记录，请选择 GX Works3 的【参数】→【模块信息】→【RJ71C24】→【模块参数】，将【基本设定】→【协议执行记录执行选项】修改为"1：所有协议的执行状态和执行记录"。

本项目使用接收结束码的接收方法作为案例进行说明。

任务 4.5 变频器控制通信

任务描述

本项目以物料传送带驱动所用变频电动机为例，说明变频器与 PLC 的通信如何建立，程序如何编写，如图 4-41 所示。三菱 FX5U PLC 与三菱 D700 变频器可以通过 RS-485 接口进行连接。在 PLC 端，使用 FX5U 内置 RS-485 端口，用网线（部分接线）连接 PLC 和变频器进行通信。通信过程中，PLC 可以通过发送控制命令来控制变频器的起停、变频等操作，并通过接收变频器的反馈信息来获取变频器状态和运行数据，从而实现 PLC 与变频器之间的数据交换和互联互通。通过本案例学习，了解三菱变频器通信协议中波特率、数据位等参数设置方法，掌握串行通信所需的操作并学会用专用命令编程的方法。

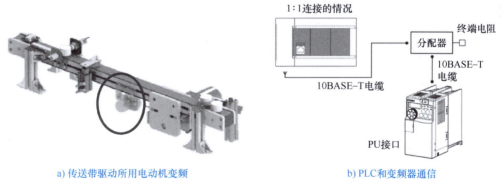

a) 传送带驱动所用电动机变频　　　　b) PLC和变频器通信

图 4-41 变频器在传送带的应用场景

技能学习

4.5.1 变频器接线

采用三菱 FR-D720S-0.4K-CHT 型号变频器，电压级数为单相 DC 220V，功率为 400W，用于驱动传输单元变速运行,其运行速度可以通过面板或通信调节,或者通过数字量输入信号调节不同速度运行。变频器 RS-485 端口接线方法如图 4-42 所示,其中电源输入采用的是单相电源,变频器频率"多段速控制"和"RS-485 通信控制"的两种控制方式接线都已预留。本案例中变频器实际详细接线可参考三菱 e-maual 中 MELSEC iQ-F FX5 用户手册(串行通信篇)。

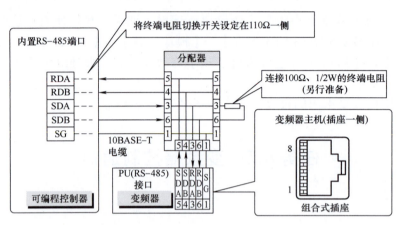

图 4-42　变频器 RS-485 端口接线方法

4.5.2　变频器的通信设置

连接到可编程控制器之前,请用变频器的 PU(参数设置模块)事先设置与通信有关的参数,如图 4-43 所示,请注意 Pr.79、Pr.117～Pr.120、Pr.549 参数的设置。

序号	参数编号	参数名称	初始值	设定值	内容
1	Pr.1	上限频率	120Hz	120Hz	输出频率的上限
2	Pr.2	下限频率	0Hz	0Hz	输出频率的下限
3	Pr.3	基准频率	50Hz	50Hz	电机的额定频率
4	Pr.4	多段速设定(高速)	50Hz	50Hz	RH-ON时的频率
5	Pr.5	多段速设定(中速)	30Hz	40Hz	RM-ON时的频率
6	Pr.6	多段速设定(低速)	10Hz	30Hz	RL-ON时的频率
7	Pr.7	加速时间	5/10/15s	0.8s	电动机加速时间
8	Pr.8	减速时间	5/10/15s	0.5s	电动机减速时间
9	Pr.79	运行模式选择	0	0	外部/PU切换模式
10	Pr.117	PU通信站号	0	1	变频器站号指定
11	Pr.118	PU通信速率	19200bit/s	19200bit/s	通信速率为19200bit/s
12	Pr.119	PU通信停止位长	1bit	10bit	停止位长:1bit 数据长:7bit
13	Pr.120	PU通信奇偶校验	2	2	偶校验
14	Pr.121	PU通信再试次数	1	10	发生数据接收错误时的再试次数容许值
15	Pr.122	PU通信校验时间间隔	0	200s	通信校验时间间隔
16	Pr.123	PU通信等待时间设定	9999s	9999s	用通信数据进行设定
17	Pr.124	PU通信有无CR/LF选择	1	1	有CR
18	Pr.160	拓展功能显示选择	0	0	显示所有参数
19	Pr.340	通信启动模式选择	0	10	可通过操作面板变更PU运行模式和网络运行模式
20	Pr.549	协议选择	0	0	三菱电动机变频器协议

图 4-43　变频器参数设置

4.5.3 可编程控制器 RS-485 串口参数设置

FX5U PLC 与变频器是通过 RS-485 串口进行通信的，所以需对 PLC 的 RS-485 串口进行相关参数设置。如图 4-44 所示，双击 GX Works3 软件左侧导航窗口的【参数】→【FX5UCPU】→【模块参数】→【485 串口】打开参数设置窗口，在【协议格式】中选择【变频器通信】。接着在该窗口中左侧单击【基本设置】，在【详细设置】中，【数据长度】中选择"7bit"，【奇偶校验】中选择"偶数"，【停止位】中选择"1bit"，【波特率】中选择"19200bit/s"。

另外，还需将【固有设置】中的【响应等待时间】设置成 1000ms，单击【应用（A）】按钮，如图 4-45 所示。

图 4-44　可编程控制器 RS-485 串口参数设置

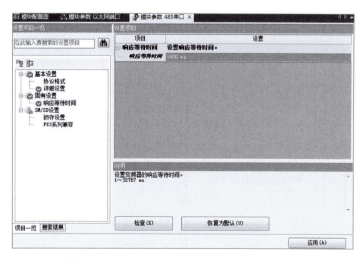

图 4-45　可编程控制器串口响应等待时间设置

4.5.4 变频器通信指令

变频器通信指令的种类：可编程控制器与变频器使用下列变频器通信指令进行通信。在变频器通信指令中，根据数据通信的方向和参数的写入 / 读出方向，有 6 种指令，见表 4-7。

表 4-7　6 种变频器通信指令

指令	功能	控制方向
IVCK	变频器的运行监视	可编程控制器←变频器
IVDR	变频器的运行控制	可编程控制器→变频器
IVRD	读出变频器的参数	可编程控制器←变频器
IVWR	写入变频器的参数	可编程控制器→变频器
IVBWR	变频器参数的成批写入	可编程控制器→变频器
IVWC	变频器的多个指令	可编程控制器↔变频器

1. 变频器的运行监视指令 IVCK

该指令是在 CPU 模块中读取变频器的运行状态，指令具体格式如图 4-46 所示。

IVCK	s1	s2	d1	n	d2

操作数	内容	范围	数据类型	标签类型
s1	变频器站号	K0～K31	无符号BIN16位	ANY16
s2	变频器的指令代码	变频器的运行监视	无符号BIN16位	ANY16
d1	保存读出值的软元件编号	—	无符号BIN16位	ANY16
n	通信通道	FX5U CPU模块K1～K4	无符号BIN16位	ANY16_U
d2	输出指令执行状态的起始位软元件编号	—	位	ANYBIT_ARRAY

图 4-46　变频器 IVCK 指令格式

对于 D700 变频器，在 IVCK 指令中的操作数 S2 指定的变频器读出专用指令代码和内容见表 4-8。表 4-8 中未记载的指令代码，有可能发生通信错误，请勿使用。

表 4-8　变频器指令代码（IVCK）

变频器指令代码（十六进制）	读出内容	变频器指令代码（十六进制）	读出内容
H7B	运行模式	H79	变频器状态监控（扩展）
H6F	输出频率/转速	H7A	变频器状态监控
H70	输出电流	H6D	读出设置频率（RAM）
H71	输出电压	H6E	读出设置频率（EEPROM）
H72	特殊监控	H7F	链接参数的扩展设置
H73	特殊监控选择顺序号	H6C	第 2 参数的切换
H74	异常内容		
H75			
H76			
H77			

程序编写示例：在 CPU 模块（通道 1）中读出变频器（站号 0）的状态（H7A），并将读出值保存在 M100～M107 中，输出 Y0～Y3 到外部。读出内容：变频器运行中为 M100，正转中为 M101，反转中为 M102，发生异常为 M107，如图 4-47 所示。

项目 4　串行通信应用

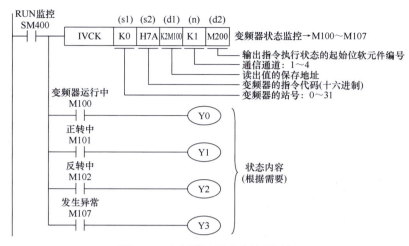

图 4-47　变频器运行程序编写示例

2. 变频器的运行控制指令：IVDR

该指令是在可编程控制器中写入变频器运行所需的设置值，指令具体格式如图 4-48 所示。

| IVDR | s1 | s2 | s3 | n | d |

操作数	内容	范围	数据类型	标签类型
s1	变频器站号	K0～K31	无符号BIN16位	ANY16
s2	变频器的指令代码	变频器的运行控制	无符号BIN16位	ANY16
s3	向变频器的参数中写入的设置值，或者保存设置数据的软元件编号	—	—	ANY16
n	通信通道	FX5U CPU模块K1～K4	无符号BIN16位	ANY16_U
d	输出指令执行状态的起始位软元件编号	—	位	ANYBIT_ARRAY

图 4-48　变频器 IVDR 指令格式

变频器的运行控制指令 IVDR 指令的操作数 S2 中指定的变频器写入专用指令代码和内容见表 4-9。

表 4-9　变频器指令代码（IVDR）

变频器指令代码（十六进制）	写入内容	变频器指令代码（十六进制）	写入内容
HFB	运行模式	HEE	写入设置频率（EEPROM）
HF3	特殊监控选择顺序号	HFD	变频器复位
HF9	运行指令（扩展）	HF4	异常内容的成批清除
HFA	运行指令	HFC	参数的全部清除
HED	写入设置频率（RAM）	HFF	链接参数的扩展设置

注意：1）由于变频器不会对指令代码 HFD（变频器复位）给出响应，进行变频器复位时，请在 IVDR 指令的操作数 S3 中指定 H9696。

2）进行频率写入时，请在执行 IVDR 指令前向指令代码 HFF 中写入"0"。没有写入"0"时，频率可能无法正常写入。

3）运行指令代码 HFA 解读，见表 4-10，摘自三菱变频器使用手册。

表 4-10 HFA 运行指令详解

项目	命令代码	位长度	内容	例
运行指令代码	HFA	8bit	b0：AU（端子4输入选择） b1：正转指令 b2：反转指令 b3：RL（低速运行指令） b4：RM（中速运行指令） b5：RH（高速运行指令） b6：RT（第2功能选择） b7：MRS（输出停止）	[例1] H02…正转 b7　　　　　　b0 |0|0|0|0|0|0|1|0| [例2] H00…停止 b7　　　　　　b0 |0|0|0|0|0|0|0|0|

程序编写示例：通过 PLC 将设置频率写入到变频器中，以控制变频器的起动停止。将起动时的初始值设为 60Hz，通过 CPU 模块（通道1），利用切换指令对变频器（站号3）的运行速度（HED）进行速度1（40Hz）、速度2（20Hz）的切换。

写入内容：D10= 运行速度（初始值：60Hz、速度1：40Hz、速度2：20Hz）。

程序如图 4-49 所示。

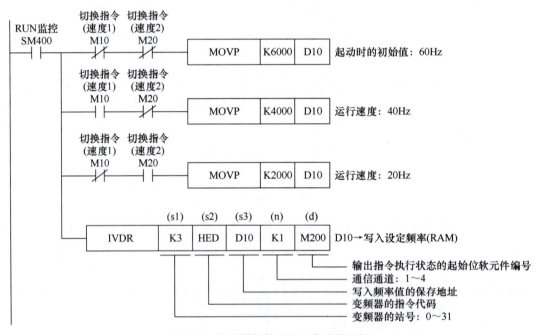

图 4-49　变频器切换速度程序编写示例

4.5.5　变频器频率输入和频率监控程序编写

采用三菱 FR-D720S-0.4K-CHT 型号变频器，功率为 400W，用于驱动传输单元变速运行，其运行速度可以通过触摸屏调节，通过数字量输入以不同速度运行。为了展示变频器频率的变化过程，用三菱 GS 系列触摸屏提供变频器频率输入操作，并展示监视到的变频器频率实际变化，如图 4-50 所示。触摸屏与 FX5U 的以太网通信设置见项目 3 所述。变频器频率设置和读取操作编程如图 4-51 所示。

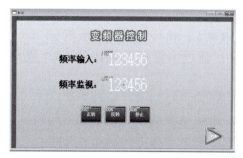

图 4-50　触摸屏界面

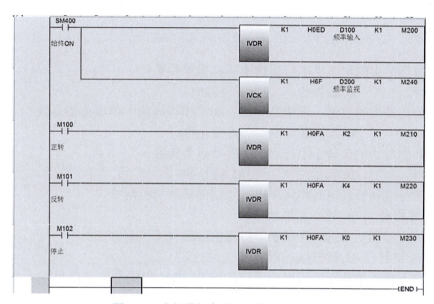

图 4-51　变频器频率设置和读取操作编程

本项目小结

1. 通信参数：串行通信的重要参数包含数据位数、奇偶校验位、停止位、波特率。

2. 固定长度和可变长度：通信协议包含处理固定长度数据的方法和处理可变长度数据的方法。

3. 流控制：分为硬件流控制和软件流控制。

4. 接口的种类：串行通信模块中使用的接口分为 RS-232、RS-422、RS-485。

5. 数据的分隔：接收数据时根据数据数或接收结束码分隔数据。

6. 数据通信方法：使用串口通信模块进行数据通信的方法包含无顺序协议、双方向协议、MC 协议、通信协议。

7. 通信协议支持功能是指根据对象设备端的协议进行数据通信。

8. 连接方法：RJ71C24 可通过 RS-232 或 RS-422/485 连接对象设备。RJ71C24-R2 可通过 RS-232 连接两台对象设备。

9. 模块参数的设置：使用工程软件设置模块参数。

10. 使用通信协议支持功能，可通过使用专用命令的简单 PLC 程序，根据对象设备端的协议进行数据通信。

11. 可通过专用命令 CPRTCL，执行协议设置数据。

12. 通过 LED 确认异常：通过串行通信模块的 ERR 或 CERR 的 LED 显示，在发生异常时可进行初步诊断。

13. 模块诊断：可确认错误内容和原因、处理方法。

14. 智能功能模块监视：可确认各型号的状态和错误码。

15. 线路跟踪：可确认收发数据和通信控制信号的状态。

16. 协议执行记录：可确认通信协议的执行状态和执行结果。

测试

1. 表示数据结束的位属于串行通信中哪项重要参数？（　　）
   A. 波特率　　　　B. 起始位　　　　C. 停止位

2. 表示传送速度的数值，单位是 bit/s，属于串行通信中哪项重要参数？（　　）
   A. 波特率　　　　B. 起始位　　　　C. 停止位

3. 表述数据开始的位属于串行通信中哪项重要参数？（　　）
   A. 波特率　　　　B. 起始位　　　　C. 停止位

4. 使用信号线调整发送时间属于串行通信的哪种流控制方式？（　　）
   A. 软件流控制　　　B. 硬件流控制

5. 使用编码器调整发送时间属于串行通信的哪种流控制方式？（　　）
   A. 软件流控制　　　B. 硬件流控制

6. 请从以下选项中选择关于串行通信模块 RS-232 电缆的最佳说明。（　　）
   A. 使用 RS-232 交叉电缆即可通信
   B. 根据对象设备的通信方式选择连接电缆

7. 对通过串行通信模块接收数据的方法，对于从对象设备发出的数据长度可变情况下，在报文的最后附加 CR+LF 是属于哪种接收方法？（　　）
   A. 通过接收结束码接收数据
   B. 以 4 字节的接收数据数进行接收
   C. 以 1 字节的接收数据数进行接收

8. 对通过串行通信模块接收数据的方法，对于从对象设备发出的数据长度始终固定为 4 字节的情况是属于哪种接收方法？（　　）
   A. 通过接收结束码接收数据
   B. 以 4 字节的接收数据数进行接收
   C. 以 1 字节的接收数据数进行接收

9. 对通过串行通信模块接收数据的方法，对于从对象设备发出的数据长度可变，不能附加结束码，是属于哪种接收方法？（　　）
   A. 通过接收结束码接收数据
   B. 以 4 字节的接收数据数进行接收
   C. 以 1 字节的接收数据数进行接收

10. 对于串行通信模块的通信方法，（　　）具有在对象设备和 PLC 模块间以任意的报文格式及传送控制顺序收发任意数据的功能。

A. 无顺序协议　　B. 双方向协议　　C. MC 协议　　D. 通信协议

11. 对于串行通信模块的通信方法，对象设备采用（　　）通过串行通信模块对 PLC 模块的软元件数据、程序进行读写。

A. 无顺序协议　　B. 双方向协议　　C. MC 协议　　D. 通信协议

12. 对于串行通信模块的通信方法，（　　）以测量器、条形码读取器等对象设备固有的协议进行数据通信。

A. 无顺序协议　　B. 双方向协议　　C. MC 协议　　D. 通信协议

13. 接收结束数据数初始值为（　　）字。接收结束数据数在初始值以下时（　　）更改。接收结束数据数超过初始值时，需分割数据后接收，希望 1 次通信就接收完所有数据时（　　）更改。接收结束码初始值为（　　）。接收结束码与初始值不同时，（　　）更改。

A. 511（1FFH）　　B. CR+LF　　C. 需要　　D. 不需要

14. 通过无顺序协议接收（　　）数据的方法分为两种，即使用（　　）接收结束码的接收方法和使用（　　）接收结束数据数的接收方法。对于用于接收数据用的接收结束码、接收结束数据数可更改为（　　）后接收数据。

A. 任意格式　　B. 可变长度　　C. 固定长度　　D. 任意的设置值

15. 关于在串行通信模块与对象设备间确认 RS-232 控制信号状态的方法，请选择正确的内容。（　　）

A. 通过 GX Works3 的模块诊断进行确认。

B. 通过 GX Works3 的智能功能模块监视进行确认。

16. 关于串行通信模块与对象设备间数据通信中故障处理方法，请对下述现象选择可能的原因和相应的处理方法。现象：从对象设备发送报文，"RD"灯闪烁，但串行通信模块的接收读出请求信号（X3/XA）未接通。原因选择（　　），处理方法选择（　　）。

原因：

A. 发生了通信错误

B. 对象设备端的发送控制信号未接通

C. 通信协议的设置有误，对象设备未附加接收结束码

处理方法：

D. 通过单元诊断检查故障码，排除故障原因

E. 通过智能功能单元显示器检查信号是否在 CS 中

F. 检查通信协议的设置，通过线路跟踪检查发送和接收数据

17. 关于数据包配置元素，以下为无转换的变量或有转换的变量的说明。收发部分报文，不加工数据，属于哪种类型的变量？（　　）

A. 有转换的变量　　　　　　B. 无转换的变量

18. 关于数据包配置元素，以下为无转换的变量或有转换的变量的说明。加工后收发部分报文，不需要使用 PLC 程序，可减小 PLC 程序的容量，缩短程序创建工时，属于哪种类型的变量？（　　）

A. 有转换的变量　　　　　　B. 无转换的变量

19. 请选择关于通信协议支持功能的正确说明。（　　）

A. 用于注册、执行与对象设备相对应的通信内容、通信顺序，不记录描述 PLC 程序。

B. 自动解析从对象设备发来的通信参数，进行与其相对应的设定。

项目 5
CC-Link 通信应用

项目引入

为减少布线，提高通信效率，让输入输出响应可确定，提出了 CC-Link 通信协议。本项目先带领大家了解该协议的定位、通信特点、功能、通信方式、网络设备、链接软元件关系、站数、站号、参数设置等相关基础知识，再以基于 FX5U CPU 和通信模块 FX5-CCL-MS 构成的主站为基础，用案例形式，将 CC-Link 网络构建中的硬件配置、配线、添加模块、主站和远程站参数设置、网络构成设置、链接软元件分配、程序编写、动作确认、初步诊断、详细诊断全流程展示给大家。通过本项目的学习，你将学会如何进行 CC-Link 网络技术应用。

任务 5.1 认识 CC-Link 网络

任务描述

本任务将对现场网络之一的 CC-Link 功能、定位、特点、数据通信方式、网络构成设备的种类进行基本说明，并举例说明 CC-Link 网络构成，图解远程输入输出软元件和 CPU 模块软元件的关系。本项目应用 CC-Link Ver2.0 版本，在 Ver1.1 的基础上进行了功能扩展。通过本任务的学习，你将会更好地理解后续现场网络的选型。

知识学习

5.1.1 CC-Link 的功能

CC-Link 是 Control & Communication Link 的简称，旨在融合控制与信息。CC-Link 是向在 FA 环境下能够同时处理控制和信息数据的高速现场网络，可同时使用传感器或执行器等产品，提供广泛开放规格的开放式网络，可组合多家加入 CC-Link 协会的供应商或合作商的产品，根据客户的目的构建系统。凭借 10Mbit/s 的高通信速度，CC-Link 可以实现 100m 的最大传输距离，并连接 64 个站点。

使用 FA 网络的目的，我们已经在项目 1 中阐述过。根据生产合理化的需求，大规模化和整合化的趋势也在不断发展。在这样的 FA 现场，网络是在信息共享和分散控制传送中不能缺失的（同图 1-9 和图 1-10）。本项目介绍 CC-Link 最基本应用，即 I/O 分散配置。

5.1.2 CC-Link 家族与 CC-Link 的定位

CC-Link 家族成员间的差异见表 5-1。

表 5-1 CC-Link 家族比较

种类	特点	速度	配线的特点
CC-Link IE Control 控制网络	高速、高可靠性 抗干扰、高容错性	1Gbit/s	光纤 环形连接
CC-Link IE Field 现场网络	高速、配线自由度高	1Gbit/s	双绞线 多种拓扑
CC-LInk	系统构建成本低、大量应用、丰富的连接机器	156kbit/s～10Mbit/s	总线型连接

注意：

1）$1Gbit/s = 1 \times 10^9 bit/s$。

2）配线自由度越高，越能实现更复杂的配线和系统布局。

3）总线型连接，见项目 2 中图 2-5。

5.1.3 CC-Link 特点

1. 输入输出响应高速、高确定性

除了高速 10Mbit/s 通信外，CC-Link 还具有极高的确定性，能够依靠可预测的、不变的 I/O 响应，使系统设计者能够提供可靠的实时控制。如图 5-1 所示，CC-Link 连接不同类型站时，链接扫描时间在 1ms 到 6ms 之间，速度很高。

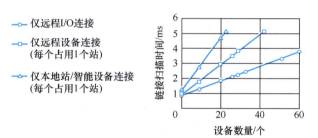

图 5-1 CC-Link 链接扫描时间比较

2. 减少布线，提高效率

CC-Link 大大减少了当今复杂生产线所需的控制和电源布线数量，降低了布线和安装成本，最大限度地减少了完成布线所需的工作，并大大改进了维护操作。如图 5-2 所示，布线减少了。

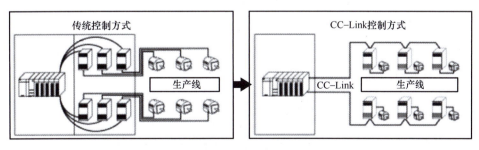

图 5-2 减少布线

3. CC-Link 满足多个供应商产品之间的兼容性

CLPA（CC-Link 合作伙伴协会）提供了一个"内存映射配置文件"，定义了每种产品类型的数据。该定义包括控制信号和数据地址。供应商可以开发与 CC-Link 兼容的产品来匹配此"配置文件"。然后，用户可以轻松地从一个产品品牌更改为另一个，而无需更改连接或控制程序。如图 5-3 所示，产品兼容，但 CC-Link 通信协议分配的数据地址不同。

4. 易于扩展传输距离

选择 10Mbit/s 时，电缆的最大总长度为 100m。当网络速度为 156kbit/s 时，该长度可以扩展到 1.2km。使用电缆中继器和光学中继器可以覆盖更大的距离。CC-Link 支持大规模应用，减少布线和设备安装所需的工作量。如图 5-4 所示，比较不同通信速度情况下的布线长度，可见传输速度越快，布线距离越短。

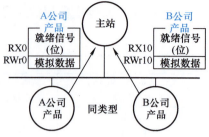

图 5-3　产品兼容但数据地址不同

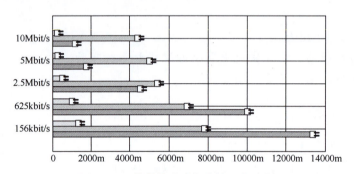

图 5-4　网络传输速度与布线距离比较

5. CC-Link 通过 RAS 功能实现高可靠性

RAS（Reliability Availability and Serviceability，可靠性、可用性和可服务性）功能是 CC-Link 的另一个功能，包括备用主站、分离从站、自动返回以及测试和监控在内的功能，提供了高可靠性的网络工作系统，并使系统停机时间最小化。

（1）备用主站　使用 CC-Link 链路，在主站变得不可操作的情况下，备用主站可以承担网络通信的控制，如图 5-5 所示。

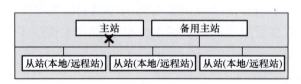

图 5-5　备用主站

（2）分离从站功能　如果通信中某从站停止通信，CC-Link 分离异常从站，允许与所有其他正常从站继续通信，如图 5-6 所示。

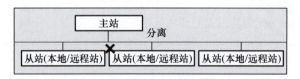

图 5-6　分离掉问题从站

（3）自动返回功能　当故障得到纠正后，CC-Link 会自动将断开连接的站点返回到全网络操作，如图 5-7 所示，不需要重启整个系统。

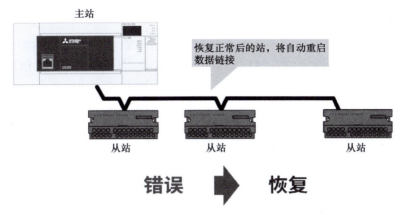

图 5-7　不需要重启整个系统就能让已纠正故障的站返回数据链接

（4）测试和监测功能　该功能监测数据链路状态，并进行一系列硬件和线路测试。

5.1.4　两种数据通信方式

在 PLC 网络中使用的数据通信方式有两种：循环传送和瞬时传送。两者的差异和各自的优点见表 5-2。本课程主要针对循环传送进行讲述。

表 5-2　比较两种数据通信方式

方式	数据通信概要	收发程序
循环传送	循环传送是指对预先在模块参数[①]中指定的数据范围，周期性地自动收发数据的通信方式	不需要 （根据模块参数的设置进行收发）
瞬时传送	瞬时传送是指仅在网络上的可编程控制器间有通信要求时，在循环传送的空闲时间进行收发的通信方式	需要 （使用专用命令通过程序进行收发）

① 使用模块参数进行网络设置：设置连接对象设备的构成、网络上的软元件与 CPU 侧软元件的对应等。

5.1.5　构成设备的种类

CC-Link 系统由 4 种设备构成，见表 5-3。每种设备的使用位置与传送方式各不相同。需根据用途选择需要的子站。站类别通过模块参数设置，是重要的环节。本项目仅涉及主站和远程站。

表 5-3　CC-Link 系统设备种类

站类别		说明
主站		管理、控制数据链系统的站 拥有网络控制信息（模块参数），1 个系统需要 1 台主站
从站	本地站	与主站或其他本地站进行通信 硬件模块与主站相同，在模块参数中设置为本地站
	智能设备站	进行循环传送与瞬时传送 本地站也是智能设备站
	远程站	远程站包含远程 I/O 站（处理位数据）和远程设备站（处理位和字数据） 进行循环传送，不进行瞬时传送

5.1.6 CC-Link 系统构成

CC-Link 系统构成示例如图 5-8 所示，为了使信号稳定，配线的两端需要终端电阻。CC-Link 可以连接如图中所示的各种设备，本项目仅介绍最基本的远程 I/O 模块的控制。

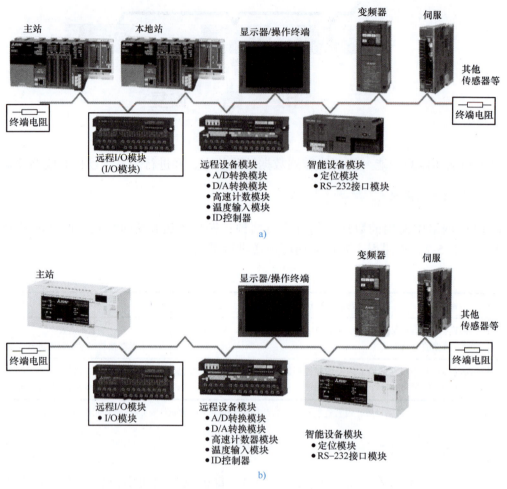

图 5-8 CC-Link 系统构成示例

5.1.7 远程输入输出软元件和 CPU 模块软元件的关系

远程 I/O 站的通信：
1）使用远程输入软元件（RX）和远程输出软元件（RY）传送位信息（ON/OFF）。
2）远程输入输出软元件 RX、RY 不能直接写在 PLC 程序上。
3）远程输入输出和 CPU 模块的软元件根据模块参数设置的分配而自动更新，这个动作称为自动刷新。

对远程信号输入的流程进行说明，如图 5-9 所示。

图中，①从外部向远程输入模块输入信号；②从远程 I/O 站向主站传送远程输入信号 RX；③通过链接扫描，从远程 I/O 站向主站传送远程输入信号 RX；④根据模块参数的设置内容，向 CPU 模块的软元件传送远程输入 RX 的内容；⑤向对应 CPU 模块的软元件区域传送远程输入 RX 区域的数据。

项目 5　CC-Link 通信应用

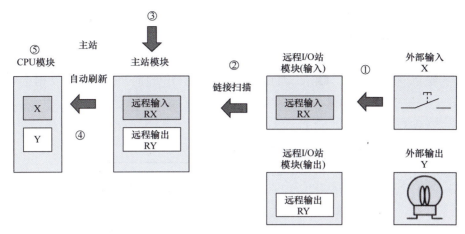

图 5-9　远程信号输入流程

对远程信号输出的流程进行说明，如图 5-10 所示。

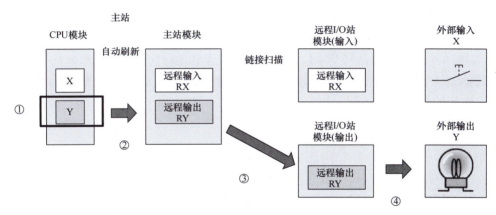

图 5-10　远程信号输出流程

图中，①通过自动刷新，CPU 模块软元件的 ON/OFF 状态传送至主站模块的远程输出 RY 区域；②根据模块参数的设置内容，CPU 模块软元件的内容传送至远程输出 RY；③从主站向远程 I/O 站传送远程输出信号 RY；④远程 I/O 站的远程输出传送至外部输出。

注意：链接扫描指主站通过网络链接扫描子站状态的动作。进行主站发送数据，从子站接收数据的双向动作。一般总连接台数越少，链接扫描时间越短，远程输入输出的响应性越高。

5.1.8　系统配置注意事项

为了防止来自远程站的错误输入，在设计系统时应注意以下问题：

1) 保持远程站工作时关闭主站电源。打开和关闭主站电源时打开远程站电源，并启动数据链路。此外，在关闭远程站电源之前，请停止数据链路，否则可能会导致输入错误，如图 5-11 所示。

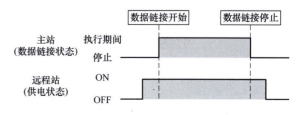

图 5-11　主站电源开启和关闭时保持远程站工作

2）如果远程站的电源（DC 24V）出现瞬间电源故障，则可能出现错误传输。

① 由于瞬时电源故障导致输入不正确。远程站硬件内部将模块电源（DC 24V）转换为内部电源（DC 5V）。当远程站出现瞬时电源断电时，远程站硬件内部电源 DC 5V 关闭时间 > 输入关闭时间 "❶"，因此在图 5-12 所示的时间内刷新数据会导致输入错误。

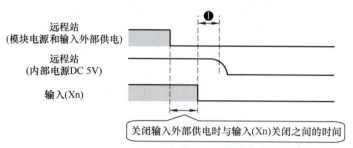

图 5-12　远程站电源瞬时断电后导致输入错误

② 不正确输入的问题。从同一电源向电源模块、稳压电源和远程 I/O 模块供电。如图 5-13 所示，AC 输入就要好于 DC 输入。

③ 本地站或智能设备站号为 64。从 GX Works3 和 GOT 无法访问本地站号 64 号，也无法从其他站点访问站号为 64 的本地站和智能设备站。将站点号更改为 64 以外的编号可以允许从其他站点进行访问。

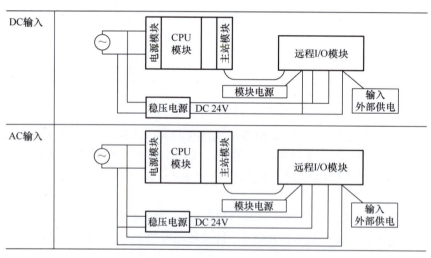

图 5-13　AC 输入好于 DC 输入

◀◀ 任务 5.2　学习 CC-Link 网络规格和设置 ▶▶

🔍 任务描述

本任务对 CC-Link 的规格和设置进行说明，内容包括占用的站数、站号、台数的概念，以及硬件和软件的设置要求，这对后续更好地理解设置模块参数有帮助。

项目 5　CC-Link 通信应用

> 知识学习

5.2.1　占用站数、站号、台数的概念

以下对 CC-Link 系统相关的基本用语进行说明。这些用语是之后设置模块参数的必要概念。

1）占用站数：根据要使用的从站的 I/O 点数预先决定占用站数。

2）站号：是对连接设备分配的独有编号。<u>站号"0"固定为主站</u>。站号从 1 站开始，之后分配的站号是上一站号 + 上一站的占用站数。例如 3 号站的站数，如图 5-14 所示。

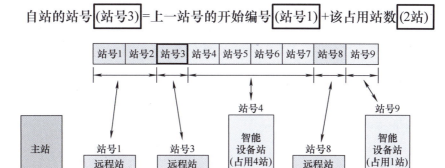

图 5-14　占用站数和站号关系

注意： 模块以 1 台、2 台来计数。台数为模块的数量。一般的远程 I/O 站是 1 站 / 台。

5.2.2　硬件设置和软件设置

CC-Link 系统运行所需的各模块设置如下：

1. 硬件设置

通过开关对从站的站号和传输速度进行设置。硬件设置步骤如图 5-15 所示。

注意： CC-Link 的传输速度可在 156kbit/s 到 10Mbit/s 间逐级变化。但传输速度和传输距离、抗噪性之间存在相反关系。传输速度越快，传输距离越短，抗噪性越低。因此，需根据 CC-Link 的安装布局计算总延长距离，然后选择满足要求的最快传输速度。在实际运用中如果可能受到干扰的影响，则在采取抗干扰措施的基础上进一步降低传输速度。

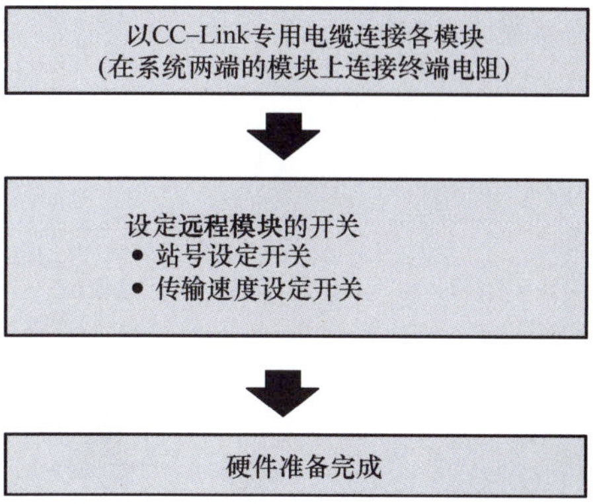

图 5-15　CC-Link 系统硬件设置步骤

2. 软件设置

根据模块参数设置主站及从站的动作。在工程软件 GX Works3 中对控制主站的 CPU 模块进行设置。可在模块参数中设置的项目如下：

① 站类别设置、模式设置、站号设置、传送速度设置。

② 网络基本设置，包括本站设置、网络配置设置、链接刷新设置和初始设置。

注意：

1）网络构成设置：设置连接 CC-Link 的设备（从站）属性。属性为之前说明的站类别、占用站数等。

2）链接软元件设置：包括 RX/RY、RWr/RWw 的设置。RWr/RWw 是链接中使用的字软元件。

设置内容因所用模块的种类和站的处理方式而异，如图 5-16 所示的网络，需要对硬件和软件进行的设置予以说明。

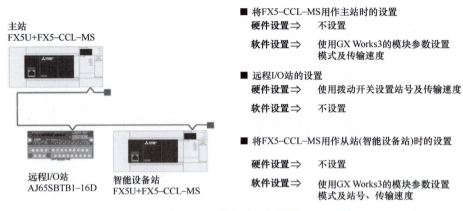

图 5-16　CC-Link 系统硬件和软件设置参看示例

任务 5.3　远程输入输出

任务描述

本任务对如何启动 CC-Link 系统进行说明。通过系统构建来说明对模块的设置及操作。本任务系统整体构成如图 5-17 所示，示例的动作包括：

1）在主站侧的输出中显示从站站号 1 的 RX1 状态。

2）当主站的 X2 设为 ON 时，使从站站号 2 的 RY2 变为 ON。

3）在主站侧的输出中显示从站的通信状态。

4）当主站模块异常时，不进行远程输入输出的处理。

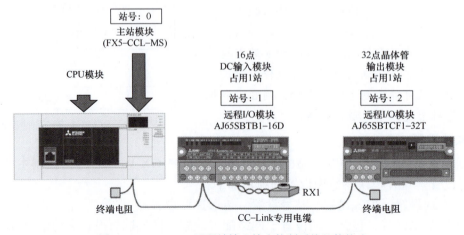

图 5-17　CC-Link 远程站输入输出控制系统整体构成

项目 5 CC-Link 通信应用

> 📝 技能学习

5.3.1 远程 I/O 模块的硬件配置

以输入模块为例进行说明,如图 5-18 所示,设置内容包括:
1)显示动作状态的区域。发生不良动作时,可以进行初步诊断。
2)将传输速度设置为 156kbit/s(BRATE 的开关均设为 OFF)。
3)设置站号时,需避免与其他站的站号设置重复。
4)在左端连接 CC-Link 专用电缆。在右侧排列用于连接 I/O 的端子。
确认从站站号的设置状况,如图 5-19 所示。

站号设置开关								
模块	站号	十位			个位			
		40	20	10	8	4	2	1
AJ65SBTB1-16D	1	OFF	OFF	OFF	OFF	OFF	OFF	ON
AJ65SBTB1-16T	2	OFF	OFF	OFF	OFF	OFF	ON	OFF
AJ65SBTB1-16DT	3	OFF	OFF	OFF	OFF	OFF	ON	ON

传送速度设置开关					
模块	设置值	设置开关状态			传送速度
		4	2	1	
AJ65SBTB1-16D	0	OFF	OFF	OFF	156kbit/s
AJ65SBTB1-16T	0	OFF	OFF	OFF	156kbit/s
AJ65SBTB1-16DT	0	OFF	OFF	OFF	156kbit/s

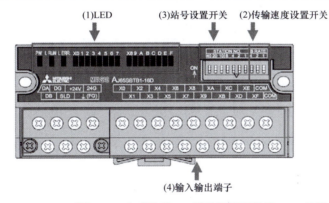

图 5-18 小型远程 I/O 模块设置开关及 LED 显示

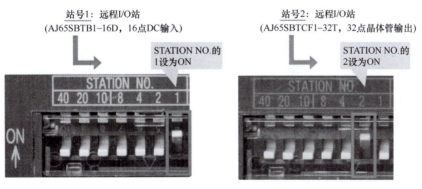

图 5-19 从站站号设置

5.3.2 配线

CPU 模块、远程 I/O 模块上的端子排中各端子功能见表 5-4。到端子排的配线如图 5-20 所示。

表 5-4 各模块端子功能

端子名称	功能
DA	收发数据
DB	
DG	数据接地
SLD	屏蔽

对三个站的模块进行配线，如图 5-21 所示。

1）对 CC-Link 各模块进行配线，配线的顺序不需要按照站号顺序。

2）必须将模块上附带的终端电阻连接到 CC-Link 系统两端的模块上，终端电阻（110Ω、1/2W，颜色编码为棕、棕、棕）应连接在 DA-DB 间。

3）专用电缆的屏蔽线与各模块的"SLD"相连接后经由"FG"进行 D 类接地（接地电阻：100Ω 以下）。SLD 与 FG 在模块内部进行连接。

4）分别用 CC-Link 专用电缆连接端子排的 DA、DB、DG 端子，并 3 根 1 组连接在一起的线。

5）为从站提供外部电源 DC 24V。

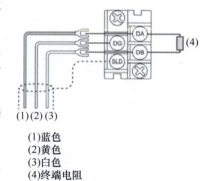

图 5-20 端子排配线规则

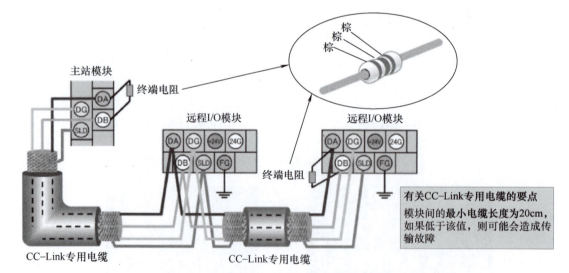

图 5-21 模块之间的通信线及终端电阻连接

5.3.3 添加模块

在工程工具中添加主站网络适配模块。模块也可从模块构成图中添加。新建工程，选择 FX5U 后，双击导航窗口的【参数】→【模块信息】，右击鼠标选择【添加新模块】，将模块添加为"FX5-CCL-MS"，操作过程如图 5-22 所示。

项目 5　CC-Link 通信应用

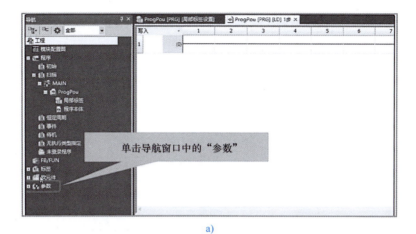

a)

b)

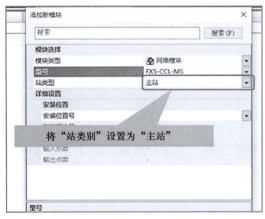

c)

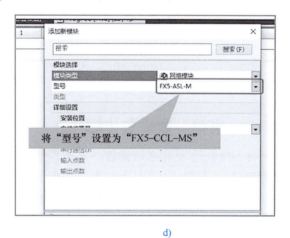

d)

图 5-22　添加主站网络模块

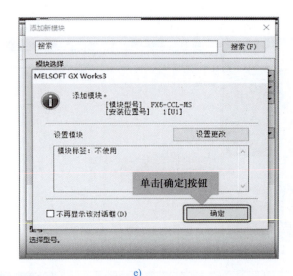

e)

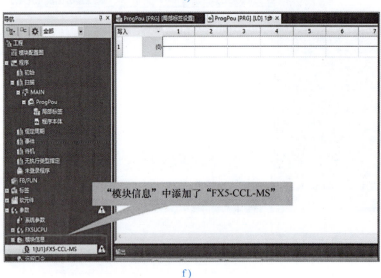

f)

图 5-22　添加主站网络模块（续）

5.3.4　主站参数设置步骤

1）参数设置有必须设置、基本设置、应用设置 3 种，双击导航窗口的【参数】→【模块信息】→【FX5-CCL-MS】→【模块参数】进入设置界面。

2）在【必须设置】中将【基本设置/应用设置的设置方法】设置为"在参数中设置"。必要的参数设置结束后，单击【应用】按钮。

3）通过工程工具将设置写入到 CPU 模块中，【在线】→【写入至可编程控制器】。

4）通过 CPU 模块的复位或电源开关的 OFF → ON 反映设置。

通过上述步骤，设置了 CC-Link 主站模块的站类型、CC-Link 的动作模式和传送速度，如图 5-23 所示。

项目 5　CC-Link 通信应用

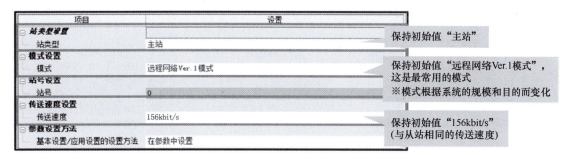

图 5-23　主站参数设置

5.3.5　网络构成的设置

设置连接到网络的站的构成。从模块参数设置界面中选择【基本设置】→【网络构成设置】→【CC-Link 构成设置】→【详细设置】，打开 CC-Link 构成界面，如图 5-24 所示。

从右侧的模块一览中选择对应模块，然后从站号 1 开始依次拖放，则自动判断占用站数并设置站号。

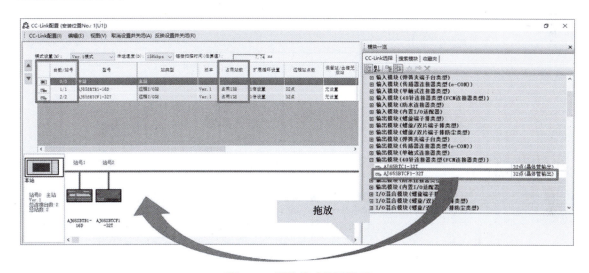

图 5-24　网络构成设置界面

5.3.6　链接软元件的分配

对于 MELSEC iQ-F 系列的 CPU 模块，用户软元件 X 和 Y 即用户输入输出软元件点数为 X/Y0000～1023（八进制），但将链接软元件分配去掉分配给已安装的 X 编号和 Y 编号后的区域如图 5-25 和图 5-26 所示。

1）链接侧的软元件名为 RX，CPU 侧设置为 X 时，如图 5-25 所示。
2）链接侧的软元件名为 RY，CPU 侧设置为 Y 时，如图 5-26 所示。

设置 CPU 模块软元件和链接软元件的分配，以通过链接刷新决定传输数据的软元件范围。从模块参数设置界面中选择【基本设置】→【链接刷新设置】→"＜详细设置＞"，如图 5-27 所示。

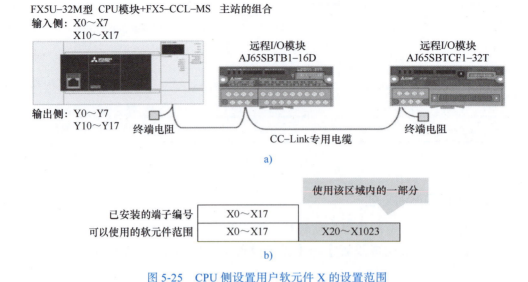

图 5-25 CPU 侧设置用户软元件 X 的设置范围

图 5-26 CPU 侧设置用户软元件 Y 的设置范围

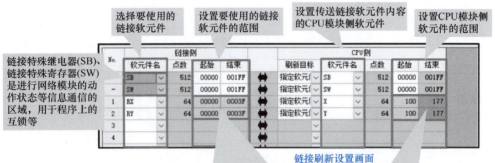

图 5-27 设置 CPU 模块软元件和链接软元件的分配

注意:

1)虽然每站"位"软元件确保 32 点,但是由于站号 1 为远程输入 16 点模块,因此不使用区域 X120～X137,如图 5-28 所示。

2)在系统示例中,远程输入的刷新软元件开头设置为 X100,远程输出的刷新软元件开头设置为 Y100。远程 I/O 站的 RX/RY 与 CPU 模块软元件的对应见表 5-5 和表 5-6。

项目 5　CC-Link 通信应用

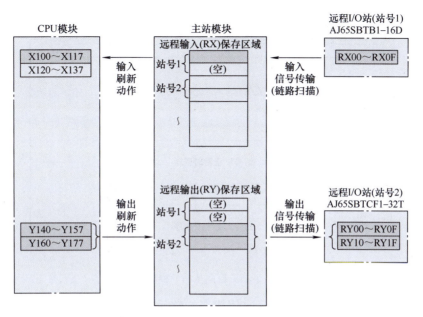

图 5-28　主站 0 和远程站 1、2 之间输入和输出"位"软元件关系

表 5-5　远程输入 RX 的分配

远程站			主站	
			主站模块	CPU 模块
站号	模块型号	远程输入（RX）	远程输入（RX）	软元件（X）
1	AJ65SBTB1-16D（输入 16 点）	RX00～RX0F	RX00～RX0F	X100～X117
		（不使用）	（不使用）	X120～X137

表 5-6　远程输出 RY 的分配

远程站			主站	
			主站模块	CPU 模块
站号	模块型号	远程输出（RY）	远程输出（RY）	软元件（Y）
2	AJ65SBTCF1-32T(输出 32 点)	RY00～RY1F	RY20～RY3F	Y140～Y177

由于 AJ65SBTCF1-32T 为第 2 站，因此刷新软元件的开头设置为 Y100，但是 Y100～Y137（32 点）为站 1 对应的空号，不使用。Y140～Y177 可用作第 2 站。

5.3.7　创建顺控程序

1. 编程注意事项

应创建检测从站的数据链接状态并采取互锁的程序。此外，应创建发生异常时的处理程序。程序框架如图 5-29 所示。

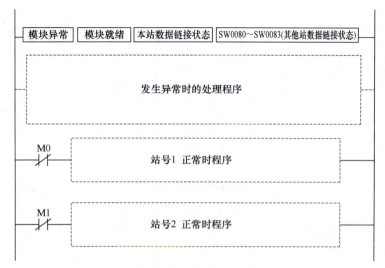

图 5-29 检测从站的程序

1) R、Q 或 L 系列网络模块表示通信状态的软元件如下：

① Xn0 表示异常状态，为 OFF 则模块正常，为 ON 则模块异常。

② Xn1 表示本站数据链接状态，为 OFF 则数据链接停止中，为 ON 则数据链接中。SB006E 也是相同内容的信号。在程序中只使用 Xn1 或 SB006E 中之一。SB006E 与 Xn1 的 ON/OFF 条件相反。

③ Xn3 表示其他站（从站）数据链接状态，为 OFF 则全部站正常，为 ON 则有异常站，SW0080～SW0083 中将存储异常站状态。SB0080 也是相同内容的信号，在程序中只使用 Xn3 或 SB0080 中之一。

④ XnF 表示模块就绪状态。模块变为可动作状态时该信号将自动变为 ON。模块的开关类设置状态中有异常，模块异常信号（Xn0）变为 ON 时，则该信号变为 OFF。

"n" 是 R、Q 或 L 系列网络模块 I/O 起始编号，取决于该模块安装在基板上的插槽位置，例如 R08 CPU 与网络模块 RJ61BT11 组建系统时，如图 5-30 所示，n 为 3。对于该网络模块异常状态、本站数据链接状态、其他站数据链接状态用 X30、X31、X33、X3F 表示。

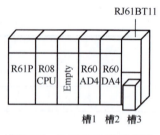

图 5-30 R08 CPU 构建系统

2) FX 系列网络模块表示通信状态的软元件如下：

① U1\G26368.0 表示模块异常。

② U1\G26368.1 表示本站数据链接状态。

③ U1\G26368.F 表示模块就绪。

2. 示例程序

系统示例的顺控程序如下：

0～13 步：读取主站模块的状态，设置顺控程序，以在满足主站模块运行条件的状态下执行后续的处理，如图 5-31 所示。

18～29 步：正在读取各站的状态。根据发生异常的站，输出主站模块的输出软元件 Y1、Y2，如图 5-32 所示。

项目5 CC-Link通信应用

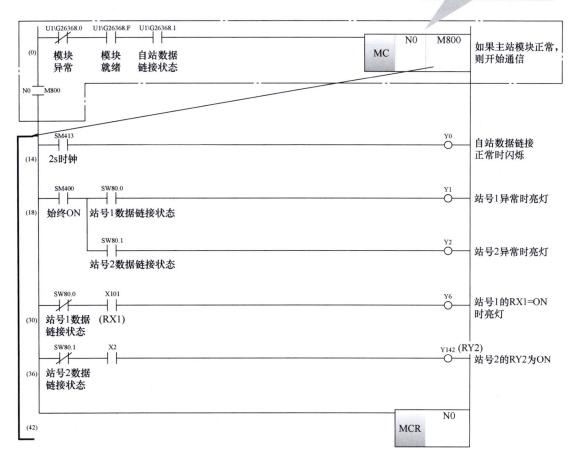

图 5-31 点画线部分 0～13 步顺控程序

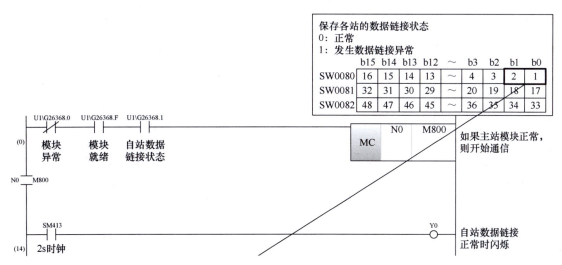

图 5-32 点画线部分 18～29 步顺控程序

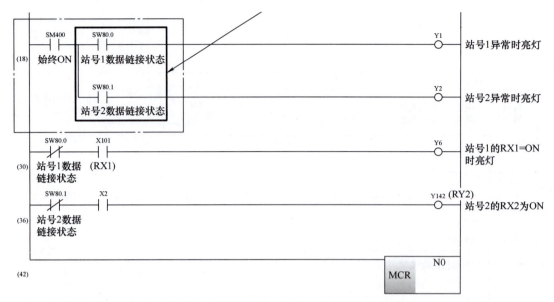

图 5-32 点画线部分 18～29 步顺控程序（续）

30～41 步：与 CC-Link 的从站进行信号的输入输出，如图 5-33 所示。

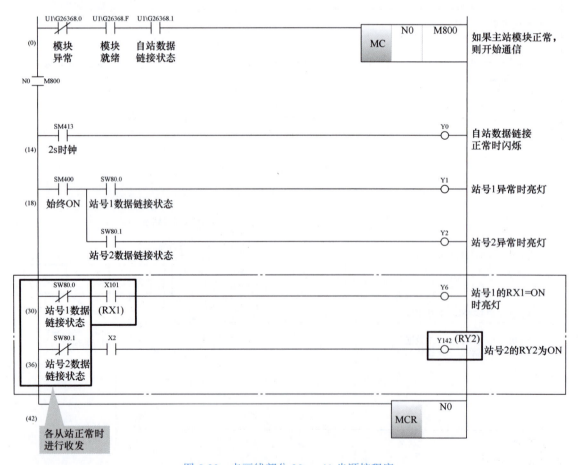

图 5-33 点画线部分 30～41 步顺控程序

X101：对应站号 1 的输入模块 RX1。

Y142：对应站号 2 的输出模块 RY2。

5.3.8 确认动作

确认系统的详细动作：

1）数据链接状态正常时，则主站侧 FX5U-32M 的 LED Y0 以 1s 的间隔闪烁。

2）将 AJ65SBTB1-16D 的开关 RX1 设为 ON 时，主站侧 FX5U-32M 的 LED Y6 点亮。

3）更改 GX Works3 的当前值，将 X2 强制设为 ON 时，站号 2 AJ65SBTCF1-32T 的 Y2 的 LED 将点亮，具体如图 5-34 所示。

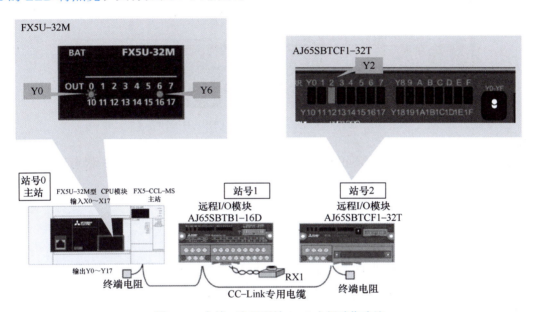

图 5-34 主站 0 和远程站 1、2 之间动作确认

5.3.9 根据 LED 初步诊断

根据 LED 显示对主站和远程 I/O 站动作进行初步诊断。远程 I/O 站未进行输出、未按预期动作时，可以通过查看模块表面的 LED 显示进行初步诊断。

1. 主站初步诊断

主站数据链接正常时 LED 显示状态如图 5-35 所示。

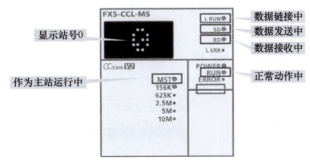

图 5-35 主站数据链接正常时 LED 显示状态

主站数据链接动作不正常时，请首先确认是否为以下的 LED 状态。
1）如果 SD/RD 未亮灯，请检查 CC-Link 专用电缆的配线，包括终端电阻。
2）如果 LRUN 未亮灯，则可能是设置问题。
3）如果 MST 未亮灯，则可能未将其设置为主站，因此请检查模块参数。
4）如果 RUN 未亮灯，则可能是模块无法正常动作。

2. 远程 I/O 站初步诊断

远程 I/O 站数据链接正常时 LED 显示状态如图 5-36 所示。

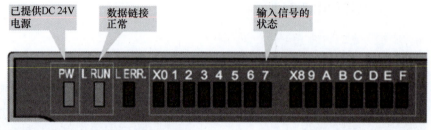

图 5-36　远程 I/O 站数据链接正常时的 LED 显示状态

远程 I/O 站数据链接动作不正常时，请首先确认是否为以下的 LED 状态。
1）如果 LRUN 未亮灯，则可能是设置问题。
2）如果 PW 未亮灯，则可能未向模块供电。

5.3.10　使用工程软件详细诊断

根据 LED 显示进行初步诊断后，若无法解决，则使用工程软件 GX Works3 的诊断功能进行详细检查。从 GX Works3 的菜单栏中选择【诊断】→【CC-Link 诊断】，显示图 5-37 所示诊断结果界面。

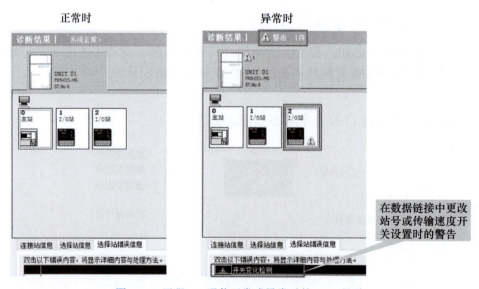

图 5-37　远程 I/O 通信正常或异常时的 LED 显示

本项目小结

1. 站类别分为主站、远程 I/O 站、远程设备站、智能设备站（包括本地站）4 种。远程 I/O 站和远程设备站统称为远程站。
2. 数据通信方式分为循环传输（定期通信）和瞬时传输（有请求时通信）。
3. 自动刷新是根据模块参数将网络上的软元件自动传输到 CPU 模块上的软元件。
4. 一般的远程 I/O 站是 1 站 / 台。
5. 站号受占用站数影响。
6. 台数为从站台数。
7. 从站站号从 1 开始按顺序设置，以避免重复。
8. 传输距离和传输速度是相反的关系。
9. 传输速度取决于所需的响应速度和使用环境。
10. 同一系统中的传输速度应设置为与主站相同。
11. 在传输线路的两端连接终端电阻。
12. CC-Link 具有可扩展性，除可连接远程 I/O 站外，还可以连接模拟设备、高速计数器、定位设备、显示器等，可根据需要延长距离。
13. CC-Link 具有从站剥离功能。数据链接中，当从站发生异常时，将断开发生异常的从站，仅用正常的从站继续数据链接。
14. CC-Link 具有自动恢复功能。从异常状态恢复正常后的站，将自动重启数据链接。

测试

1. 请从以下选项中选择最能代表 CC-Link 特征的一项。（　　　）
A. CC-Link 只能连接三菱电动机产品。
B. CC-Link 的功能仅限于远程 I/O 站。
D. CC-Link 可组合使用公开规格的多个产品，构建所需系统。

2. FX5-CCL-MS 作为主站，由站号 1（16 点输入）、站号 2（32 点输入）构成 CC-Link 系统。CC-Link 系统刷新软元件与可编程控制软元件对应关系见表 5-7，将远程输入（RX）的刷新软元件的开头设置对应为可编程控制器软元件 X100 时，站号 2 的 32 点输入模块刷新软元件 RX0 将对应可编程控制器的哪个软元件？（　　　）
A. X120　　　　B. X140　　　　C. X150　　　　D. M100

表 5-7　CC-Link 系统刷新软元件与可编程控制软元件对应关系

模块			CPU 模块
站号	模块型号	远程输入（RX）	软元件
1	AJ65SBTB1-16D（16 点输入）	RX00 ~ RX0F	X100 ~ X117
		（空）	X120 ~ X137
2	AJ65SBTB1-32D（32 点输入）	RX00 ~ RX0F	？？？
		RX10 ~ RX1F	？？？

3. 请从以下选项中选择 CC-Link 可以使用的数据通信方式。（   ）
A. 仅循环传输
B. 仅瞬时传输
C. 循环传输和瞬时传输

4. 多站通信如图 5-38 所示，需要连接终端电阻的站是（   ）。（多选）
A. 站号：0   B. 站号：1   C. 站号：2   D. 站号：4

图 5-38　多站通信

5. 请从以下选项中选择关于站号设置方法的正确描述。（   ）
A. 主站的站号可以自由设置。
B. 必须按站号的顺序进行配线。
C. 远程 I/O 模块的站号通过站号设置开关进行设置。
D. 从站的站号可重复。

6. 请从以下选项中选择 CC-Link 模块参数中不包含的项目。（   ）
A. 网络构成   B. 连接台数
C. 重试次数   D. 传输速度
E. 终端电阻连接位置

项目 6
CC-Link IE Field 通信应用

项目引入

本项目带领你了解 CC-Link IE Field 现场网络通信,学习 CC-Link IE Field 现场网络控制中数据交换的机制、规格及各种设置、启动方法。学习如何进行参数设置和程序编写,实现 CC-Link IE Field 网络控制主站与本地站进行通信的示例。在学习使用相关设备时,请认真阅读产品手册中的"安全注意事项",充分注意安全,确保正确操作。软件版本为 GX Works3 Ver 1.028 及以上。

任务 6.1 认识 CC-Link IE Field 现场网络

任务描述

要进行站点之间的 CC-Link IE Field 现场网络通信,需要选择好通信设备的连接方式,然后进行通信参数的设置,做好这些准备工作,才能进行接线,以及后续的编程。本任务就是带领大家学习 CC-Link IE Field 现场网络知识,为后续的案例实施做好准备。

知识学习

6.1.1 CC-Link IE Field 现场网络地位

CC-Link IE 的 "IE" 是 Industrial Ethernet 的简称,即工业用以太网。CC-Link IE 是由 CLPA 于 2007 年开发的一个开放网络。基于以太网的 CC-Link IE 家族包括 CC-Link IE TSN 时间敏感网络、CC-Link IE Control 控制网络、CC-Link IE Field 现场网络和 CC-Link IE Field Basic 现场基础网络,如图 6-1 所示。

图 6-1 CC-Link IE 家族

网络规格对比见表 6-1。

表 6-1 CC-Link IE 家族网络规格对比

项目	CC-Link IE Field	CC-Link IE Field Basic	CC-Link IE Control	CC-Link IE TSN
通信速度	1Gbit/s	100Mbit/s	1Gbit/s	1Gbit/s 或 100Mbit/s
网络最大站数	121	65	120	121
最大远程链接点数				
每个网络	16384bit	4096bit	262144bit	81926bit+16384bit
每个站	2048bit	256bit(占用 4 站)	262144bit	81926bit+16384bit

（续）

项目	CC-Link IE Field	CC-Link IE Field Basic	CC-Link IE Control	CC-Link IE TSN
距离				
总距离/km	12.1	取决于系统组态	66	12
站间距/m	100	100	550	100
通信				
网络拓扑	星形、线形、环形	星形、线形	双环网	星形、线形、环形
通信方式	令牌方式	UDP	令牌方式	时间分割
连接电缆	以太网线（超5类或更高）	以太网线（满足1000BASE-T）	多模光纤	以太网线（超5类或更高）

基于串行通信的家族包括 CC-Link、CC-Link Safety 和 CC-Link/LT。

上述网络技术发展历程如图 6-2 所示。CC-Link 作为第一代技术于 2000 年发布，基于 RS-485 串行通信。2008 年出来第二代技术，基于 1Gbit/s 以太网的开放标准 CC-Link IE 的规范出现，可以处理的数据量急剧增加，该技术现在可以用于更广泛的应用，从现场级到控制器级。随着市场对智能工厂的需求不断增加，2018 年发布了使用时间敏感网络（TSN）的技术规范，作为第三代技术。

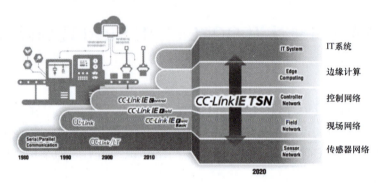

图 6-2 三代网络技术的发展历程

CC-Link IE Control Network 和 CC-Link IE Field Network 是 CC-Link IE 的两种变体，它们的区别见表 6-1。CC-Link IE Control 是作为大型控制网络开发的，CC-Link IE Field 是作为现场网络开发的。CC-Link IE Control 和 CC-Link IE Field 不能一起使用。

CC-Link IE Field 现场网络与 CC-Link 网络比较见表 6-2。

表 6-2 CC-Link IE Field 现场网络与 CC-Link 网络比较

网络		CC-Link IE Field	CC-Link
通信速度		1Gbit/s	10Mbit/s（最大）
最大链接点数	每个网络	16384bit[①]	4096bit[①]
	每个站	2048bit[①]	256bit[①]（占用4站时）
每个网络的最大连接站数		121	65
距离	总延伸距离/km	12	1.1[②]
	最大站间距离/m	100	100（10Mbit/s 时）
接线	拓扑	星形、线形、环形	总线型、T分支形、星形
	电缆	通用以太网电缆（5e 类以上，带双重屏蔽的双绞线）	双绞线电缆（CC-Link 专用电缆）

① 最大链接点数（RW+RWw）。
② 使用中继器时。

通信协议 CC-Link IE 使用无缝消息协议（SLMP），这是 CC-Link 家族的通用通信协议，具有令牌传递方法。从控制层到现场网络层，整个网络使用，能将主机 PC 无缝连接到设备制造现场。SLMP 协议在 CC-Link 家族中的作用如图 6-3 所示。

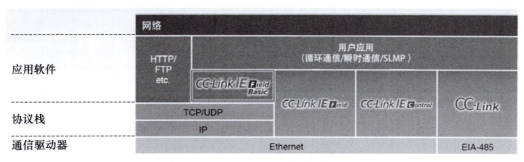

图 6-3　SLMP 协议的作用

6.1.2　CC-Link IE Field 网络特点

1. 超高速

千兆传输和实时协议实现了简单可靠的数据通信和远程 I/O 通信，不受传输延迟的影响，如图 6-4 所示。CC-Link IE Field 现场网络用于管理设备信息和跟踪信息以及控制数据传输的高速通信。

图 6-4　CC-Link IE Field 现场网络实现高速通信

2. 轻松联网

1）灵活的网络拓扑结构，环形、线形和星形均可。对于连接方式，可在同一网络中混合使用星形和线形，因此可实现在控制柜间采用星形连接，在生产线内采用线形连接的灵活配线，如图 6-5 所示。

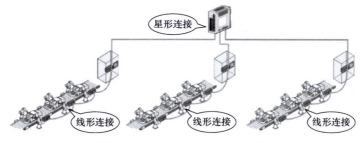

图 6-5　CC-Link IE Field 混合网络

2）网络共享存储器允许控制器和现场设备之间的通信。

3）简单的配置和网络诊断可以降低从系统启动到维护的总体工程成本。当故障发生时，可以找到原因，最大限度地减少系统停机时间，如图6-6所示。

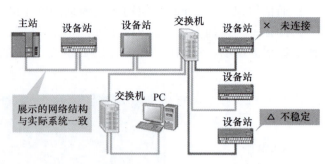

图6-6　CC-Link IE Field 现场网络故障发生时

3. 无缝连接不同网络

CC-Link IE Field 现场网络可以通过远程工具跨网络层次直接访问现场设备，如图6-7所示。可以在任何地方对网络中的设备进行监控或配置，通过远程管理提高了工程效率。

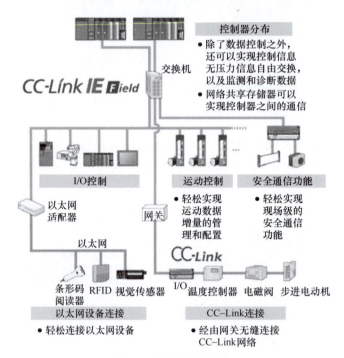

图6-7　跨网络无缝连接

4. 以太网电缆和连接器

由于CC-Link IE Field 现场网络的物理层和数据链路层使用标准以太网技术，因此可以使用满足以太网技术1000BASE-T 的以太网线缆、连接器和交换机，如图6-8所示。提高了用于网络安装和调整所用材料的可用性和所用设备的可选择性。

图6-8　以太网所用线缆、连接器和交换机

在循环传送方式中，各站将按顺序发送数据，因此即使网络的连接台数和通信频率增加，也可以执行数据发送，因此它适用于控制需要定期数据通信的生产设备等。

6.1.3 CC-Link IE Field 现场网络的构成

CC-Link IE Field 现场网络的构成如图 6-9 所示，根据应用场景及功能的不同，分为主站、本地站和远程站。

1）主站（Master Station），控制信息（参数）并管理循环传输的节点。

2）本地站（Local Station），一种能够与主站和其他本地站执行 n∶n 位数据和字数据循环传输和瞬时传送，并能够与从站执行瞬时传送的站点，不包括远程 I/O 站。在瞬时传送期间具有服务器功能和客户端功能。

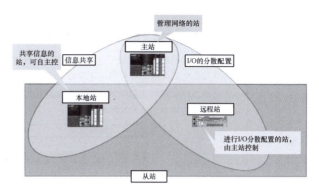

图 6-9　CC-Link Field 现场网络的构成

3）智能设备站（Intelligent Device Station），一种能够与主站执行 1∶n 位数据和字数据循环传输和瞬时传送，并能够与从站执行瞬时传送的站点，不包括远程 I/O 站。在过渡期间具有服务器功能和客户端功能传输。

4）远程设备站（Remote Device Station）。一种能够执行 1∶n 位数据和字数据循环传输和瞬态传输的节点，执行与主站的循环传输以及与主站·本地站的瞬态传输，不包括远程 I/O 站。在瞬时传送期间具有服务器功能和客户端功能。

5）远程 I/O 站（Remote I/O Station），一种能够与主站进行 1∶n 位数据循环传输的站点。

6）从站（Slave Station），指本地站、远程 I/O 站、远程设备站、智能设备站，而不是主站。

6.1.4 CC-Link IE Field 现场网络的网络拓扑结构

CC-Link IE Field 现场网络使用以太网电缆。利用以太网电缆对 CC-Link IE Field 现场网络主站/本地站模块进行星形连接、线形连接或环形连接，如图 6-10 所示。同一网络中可混合使用星形和线形连接。但环形连接不能与星形连接或线形连接混合使用。

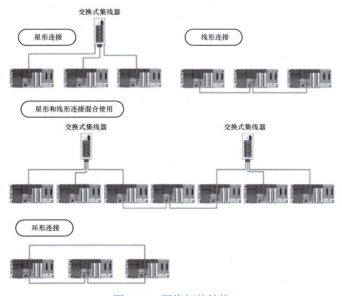

图 6-10　网络拓扑结构

上述网络拓扑结构出现异常时,网络本身功能处理见表 6-3。

表 6-3 网络异常时的处理

项目	内容
星形连接	使用以太网电缆,通过星形连接方式连接各模块和交换式集线器。采用星形连接,可方便地添加从站。在部分从站发生异常时,可只利用正常的站继续数据链接
线形连接	在各模块间使用以太网电缆,通过线形连接方式连接,连接时无需使用交换式集线器。在部分从站发生异常时,从发生异常的站开始断开连接①
环形连接	在各模块间使用以太网电缆,通过环形连接方式连接,连接时无需使用交换式集线器。在部分从站发生异常时,可只利用正常的站继续数据链接①

① 要添加和删除从站时,请对每个站逐一进行操作。如果同时添加或删除 2 个站或更多站,将会对所有站进行网络重连处理,可能会导致所有站瞬间异常。

6.1.5 CC-Link Field 现场网络站号与连接位置

连接模块时,无需按照站号顺序连接,如图 6-11 所示。

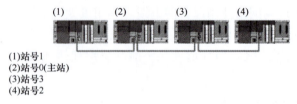

(1)站号1
(2)站号0(主站)
(3)站号3
(4)站号2

图 6-11 站号设置与连接顺序无关

级联连接时最多可连接 20 段,如图 6-12 所示。

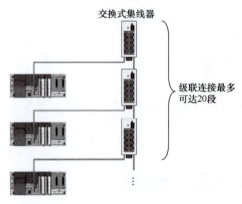

图 6-12 级联最多 20 段

6.1.6 CC-Link Field 现场网络的循环通信

1. 主站与从站的循环通信

循环通信是使用链接软元件，在网络的各站间定期进行数据通信的方式。

主站和从站（本地站除外）间可 1∶1 通信。将主站的链接软元件（RY、RWw）的状态输出到从站的外部设备，由从站的外部设备输入时的输入状态保存在主站的链接软元件（RX、RWr）中。图 6-13 所示为主站与从站的循环通信。

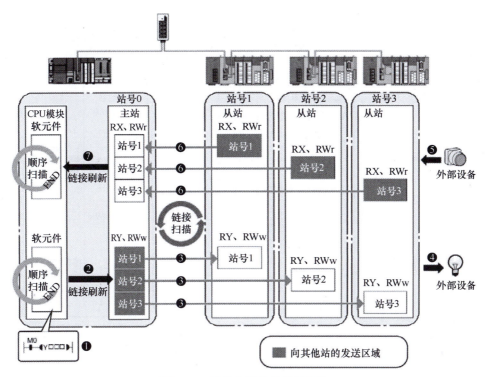

图 6-13　主站与从站的循环通信

（1）从主站输出时

1）CPU 模块的软元件变为 ON。

2）通过链接刷新，将 CPU 模块的软元件状态保存到主站的链接软元件（RY、RWw）中。

3）通过链接扫描，将主站的链接软元件（RY、RWw）的状态保存到从站的链接软元件（RY、RWw）中。

4）将从站的链接软元件（RY、RWw）的状态输出到外部设备。

（2）由从站输入时

1）将外部设备的状态保存到从站的链接软元件（RX、RWr）中。

2）通过链接扫描，将从站的链接软元件（RX、RWr）的状态保存到主站的链接软元件（RX、RWr）中。

3）通过链接刷新，将主站的链接软元件（RX、RWr）的状态保存到 CPU 模块的软元件中。

2. 主站与本地站的循环通信

网络各站向链接软元件（RY、RWw）的各传送范围内写入数据，向同一网络的所有站发送数据。将主站的链接软元件（RY、RWw）的状态保存到本地站的链接软元件（RX、RWr）中。将本地站的链接软元件（RY、RWw）的状态保存到主站的链接软元件（RX、RWr）及其他本地站的链接软元件（RY、RWw）中。图 6-14 所示为主站与本地站的循环通信方式。

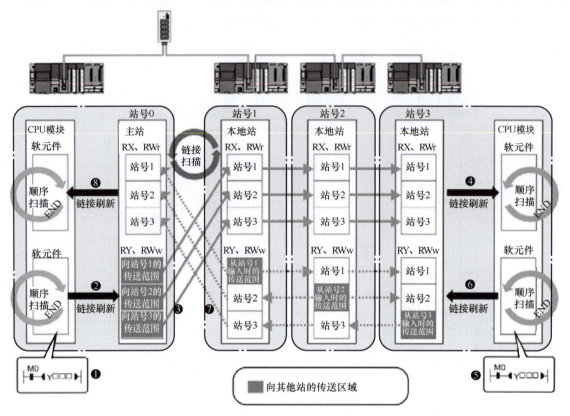

图 6-14　主站与本地站的循环通信方式

（1）从主站输出时

1）CPU 模块的软元件变为 ON。

2）通过链接刷新，将 CPU 模块的软元件状态保存到主站的链接软元件（RY、RWw）中。

3）通过链接扫描，将主站的链接软元件（RY、RWw）的状态保存到本地站的链接软元件（RX、RWr）中。

4）将本地站的链接软元件（RX、RWr）的状态输出到外部设备。

（2）由本地站输入时

1）CPU 模块的软元件变为 ON。

2）将 CPU 模块的软元件状态保存到链接软元件（RY、RWw）的本站传送范围中。

3）通过链接扫描，将本地站的链接软元件（RY、RWw）的状态保存到主站的链接软元件（RX、RWr）中。

4）通过链接刷新，将主站的链接软元件（RX、RWr）的状态保存到 CPU 模块的软元件中。

3. 从站和本地站同时存在时的循环通信

从站（本地站除外）和本地站同时存在时，和主站相同，将所有从站的数据保存到本地站，如图 6-15 所示。

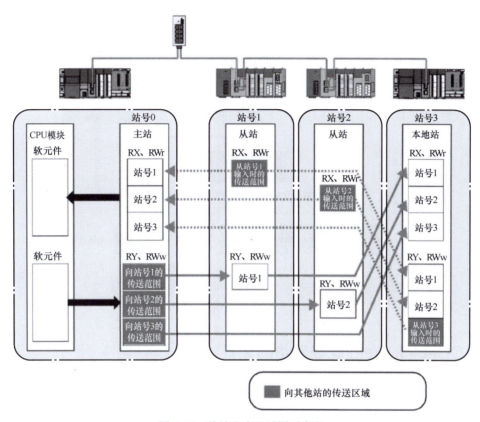

图 6-15　从站和本地站同时存在

6.1.7　CC-Link Field 现场网络的瞬时通信

瞬时传送是用专用指令和工程软件向其他站进行请求的通信方式，可与不同网络进行通信。CC-Link Field 现场网络的瞬时通信包括以下两种方式：

（1）同一网络内的通信　利用专用指令和工程软件瞬时传送到其他站。专用指令的详细说明请参照编程手册（指令/通用 FUN/ 通用 FB 篇）。

如图 6-16 所示，使用专用指令（READ 指令）访问其他站可编程控制器。

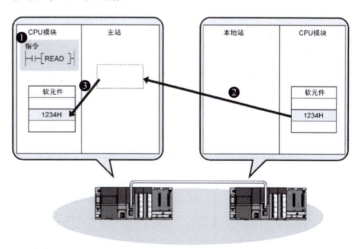

图 6-16　用专用指令通信

（2）与不同网络的通信　利用专用指令和工程软件，对不同网络的站进行瞬时传送，实现无缝通信，如图 6-17 所示。最多可与 8 个网络对象（中继站数：7）的站进行通信。

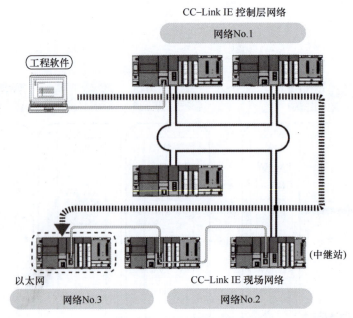

图 6-17　不同网络间通信

6.1.8　CC-Link Field 现场网络的设备

1. 作为主站的设备

CC-Link Field 现场网络具有主站功能的设备见表 6-4。

表 6-4　CC-Link Field 现场网络主站功能设备

站类型	设备类型	特征	外观
主站	CPU 模块内置型	在 CPU 模块中内置网络功能（CC-Link Field 网络、CC-Link IE Control 网络、以太网），可根据连接端口使用不同网络	
	网络模块	具有多网络功能（CC-Link Field 网络、CC-Link IE Control 网络、以太网）的网络模块，可根据连接端口使用不同网络	
	专用型	CC-Link Field 网络专用模块，比较便宜	
	网络接口板	将个人计算机连接到 CC-Link IE Field 网络，支持 PCI Express	

2. 作为从站的设备

CC-Link Field 现场网络具有从站功能的设备如图 6-18 所示。

站类型			设备类型
从站	本地站		与主站相同，将模块作为本地站使用
	远程站	连接可编程控制器，输入输出	● 远程起始模块 ● Block型远程模块
		内置于设备中	● HMI(GOT) ● 变频器(FREQROL) ● 伺候驱动器(MELSERVO)

远程起始模块　　Block型远程模块

图 6-18　CC-Link Field 现场网络从站功能设备

可编程控制器的从站有 3 种构成，如图 6-19 所示。根据需要的 I/O 控制点数、控制 I/O 的 CPU 模块的位置进行选择。

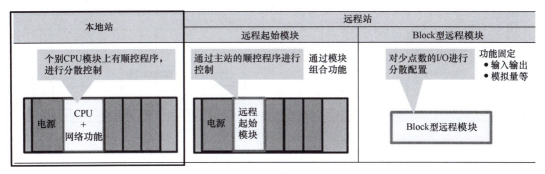

图 6-19　从站类型

3. 设置远程站的站号

Block 型远程模块通过模块正面的旋转开关设置站号。站号设置将在通电时生效，因此在电源关闭状态下进行设置。

① ×10 用于设置站号的百位和十位。

② ×1 用于设置站号的个位。

例如，远程站为站号 1，所以将 STATION 开关 ×1 设置为 1，如图 6-20 所示。

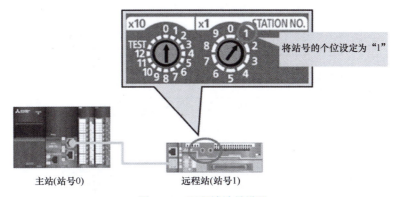

图 6-20　远程站站号设置

6.1.9　网络参数/链接刷新参数的设置

CC-Link Field 现场网络参数设置如图 6-21 所示。

1）在 GX Works3 中设置用于控制 CC-Link IE 现场网络的网络参数，并写入可编程控制器 CPU 的参数区域。

2）主站的参数在电源关闭或可编程控制器 CPU 复位时会临时消失，网络参数的保存区域在电源打开或可编程控制器 CPU 复位时，写入可编程控制器 CPU 的网络参数将被传送到主站的参数内存。

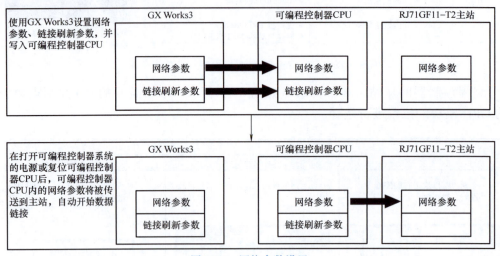

图 6-21　网络参数设置

6.1.10　链接扫描时间

CC-Link IE Control 网络、CC-Link IE Field 网络都可以同时使用循环传送和瞬时传送，两者的差异和各自的优点已在项目 5 中阐述，本项目只对循环传送进行说明。

如图 6-22 所示，数据的通信并非一次性完成的。网络内的主站、站号 A 和站号 B 按照顺序发送本站发送区域中的数据，各控制模块的发送处理循环一次的动作称为"链接扫描"。主站同时发送给本地站 A 和本地站 B 数据，从站则依此反馈数据给主站，各自发送一次给对方，就是一个链接扫描时间。随着各控制模块的发送权转移，定期地发送数据，定期更新数据，因此称为"循环传送"。

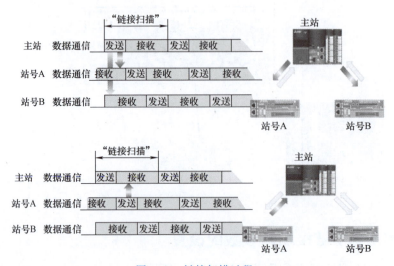

图 6-22　链接扫描过程

项目 6 CC-Link IE Field 通信应用

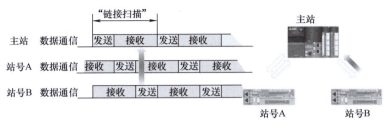

图 6-22 链接扫描过程（续）

任务 6.2 CC-Link IE Field 现场网络通信

任务描述

本任务是通过 CC-Link IE Field 现场网络在主站和本地站之间建立通信，系统配置如图 6-23a 所示，使用以太网电缆进行连接。主站和本地站连接的触摸屏界面设置如图 6-23b 所示。本任务就是带领大家学习 CC-Link IE Field 现场网络通信如何实施。

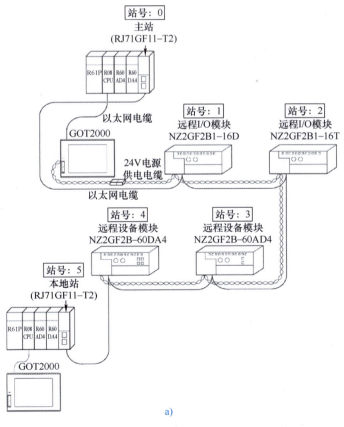

a)

图 6-23 主站与本地站的通信

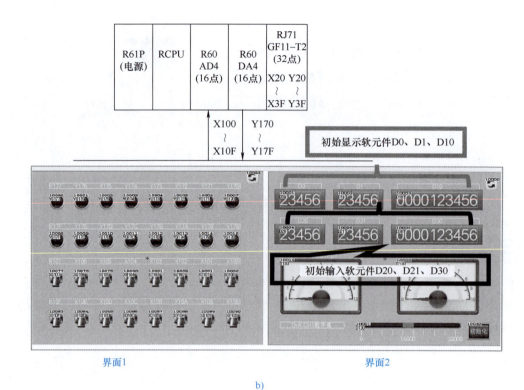

图 6-23　主站与本地站的通信（续）

> 📝 技能学习

网络系统组建必须设置，运行前的设置步骤一般如下：
1）安装模块。在基板模块上安装主站/本地站模块。
2）构建系统（配线）。用以太网电缆连接各模块。
3）设置各模块。对各模块设置站号、参数。
4）线路测试。在主站上进行线路测试，确认能否以设置的参数正常进行通信。
5）编程。创建 PLC 程序。
6）调试。使用 CC-Link IE Filed 诊断进行调试。

6.2.1　主站参数设置

设置主站的参数。设置参数后，请将参数写入 CPU 模块。
设置步骤：
1）在模块配置图上，从【部件选择】窗口选择和配置模块部件（对象）。双击导航窗口的【模块配置图】。
2）主站/本地站模块的参数设置分为必须设置、基本设置、应用设置 3 种，可在模块配置图上双击主站/本地站模块进行设置。
3）参数设置结束后，单击【应用】按钮。
4）用工程软件将参数设置写入 CPU 模块，【在线】→【写入至可编程控制器】。
5）在 CPU 模块复位后或电源 OFF → ON 后，反映设置内容。

主站参数设置过程：

1. 新建工程

1）单击 Windows 的开始→【MELSOFT 应用程序】→【GX Works3】，如图 6-24 所示。

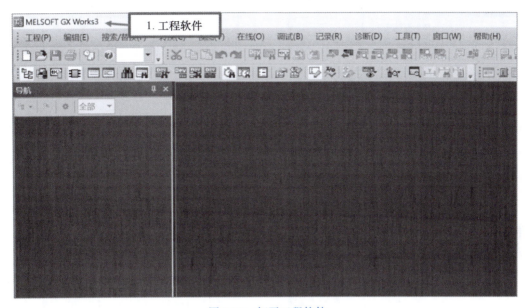

图 6-24　打开工程软件

2）单击工具栏的 或【工程】→【新建】菜单（Ctrl+N），如图 6-25 所示。

3）单击"系列"的下拉列表按钮，如图 6-26 所示。显示下拉列表框，单击选择"RCPU"。

图 6-25　新建工程

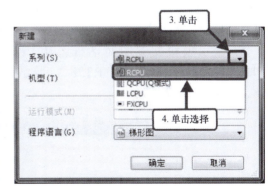

图 6-26　选择 CPU 系列

4）单击"机型"的下拉列表按钮。显示下拉列表框，单击选择"R08"，如图 6-27 所示。

5）单击"程序语言"的下拉列表按钮。显示下拉列表框，单击选择"梯形图"，如图 6-28 所示。

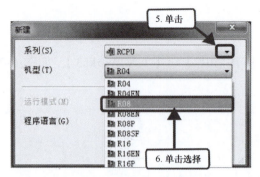
图 6-27　选择 CPU 具体型号

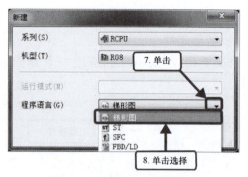
图 6-28　选择程序语言类型

6）单击【确定】按钮，如图 6-29 所示。

7）显示所选机型（这里选择的是"R08"）的模块标签添加确认界面，单击【确定】按钮，如图 6-30 所示。

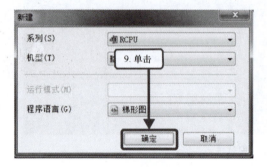
图 6-29　选型确定

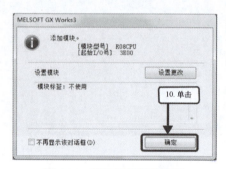
图 6-30　模块标签添加确认

2. 模块配置

可通过在模块配置图上添加主站/本地站模块，设置主站/本地站模块的参数。

1）在导航窗口中双击"模块配置图"。显示参数信息对话框时，单击【确定】按钮，如图 6-31 所示。

2）显示模块配置图对话框，从【部件选择】窗口的"主基板"中选择"R35B"，拖放到模块配置图上，如图 6-32 所示。

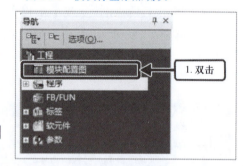
图 6-31　模块配置

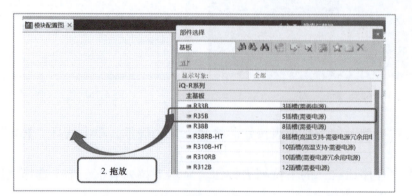
图 6-32　添加主基板模块

3)"R35B"被添加到模块配置图上,如图 6-33 所示。

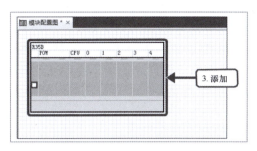

图 6-33　R35B 模块已添加

4)从【部件选择】窗口的【电源】中选择"R61P",拖放到模块配置图上已添加的 R35B 的电源插槽上。拖放时将高亮显示可配置位置,如图 6-34 所示。

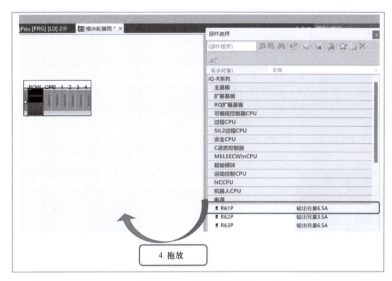

图 6-34　电源模块添加

5)在模块配置图上,已配置的 R08 CPU 被添加到 R35B 的 CPU 插槽中,如图 6-35 所示。如果未在模块配置图上配置 R08 CPU,则与添加电源时相同,从【部件选择】窗口中选择并添加。

6)以与添加电源时相同的步骤,从【部件选择】窗口的【网络模块】中选择"RJ71GF11-T2",将其添加到 R35B 的 No.2 插槽中,如图 6-36 所示。

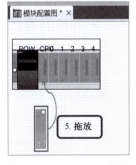

图 6-35　R08 CPU 放置

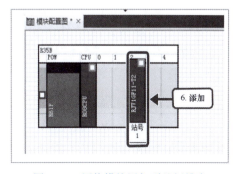

图 6-36　网络模块添加到基板槽中

7）右键单击已添加的 RJ71GF11-T2 →单击【参数】→【配置详细信息输入】菜单，显示配置详细信息输入界面，进行以下设置，如图 6-37 所示。

设置内容：起始 XY 为 0020 站；站类型为主站。

8）设置后，右键单击 RJ71GF11-T2 →单击【参数】→【确定】菜单，确定参数，如图 6-38 所示，在模块标签添加确认界面上，单击【确定】按钮。

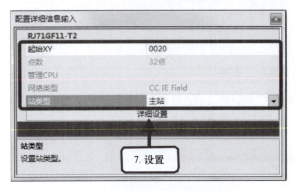

图 6-37　网络模块配置详细信息输入　　　　图 6-38　网络模块参数确定

9）指定的主站 / 本地站模块数据被添加到导航窗口中，如图 6-39 所示。

3. 参数设置（主站）

1）双击 RJ71GF11-T2，如图 6-40 所示。

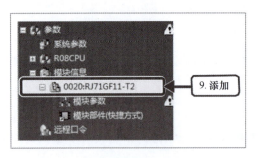 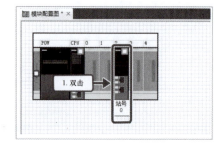

图 6-39　网络模块添加到导航窗口中　　　　图 6-40　双击网络模块

2）显示 RJ71GF11-T2 模块参数对话框，选择设置项目一览【基本设置】中的【网络配置设置】，单击"＜详细设置＞"按钮，如图 6-41 所示。

3）显示 CC IE Field 配置对话框，从模块列表"基本数字输入模块"中选择"NZ2GF2B1-16D"，拖放到站一览或网络配置图上，如图 6-42 所示。

4）在站一览中添加了"NZ2GF2B1-16D"。

5）以相同的步骤，从模块一览"基本数字输出模块"中选择添加"NZ2GF2B1-16T"进行以下设置，如图 6-43 所示。

设置内容：

$\begin{cases} \text{RX/RY 设置起始：0020} \\ \qquad\qquad\text{结束：002F} \end{cases}$

$\begin{cases} \text{RWw/RWr 设置起始：0014} \\ \qquad\qquad\text{结束：0027} \end{cases}$

项目 6　CC-Link IE Field 通信应用

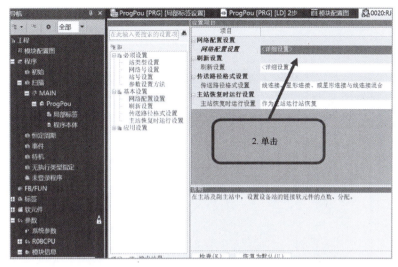

图 6-41　进入网络配置设置

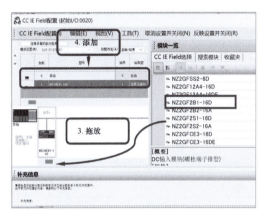

图 6-42　CC IE Field 网络配置 1

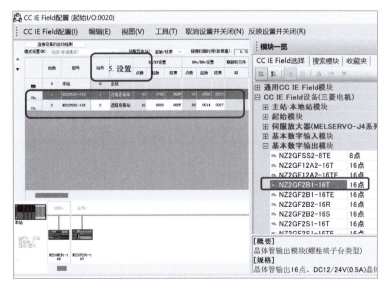

图 6-43　CC IE Field 网络配置 2

6）设置后，单击菜单中的【反映设置并关闭】按钮，关闭 CC IE Field 配置对话框，如图 6-44 所示。

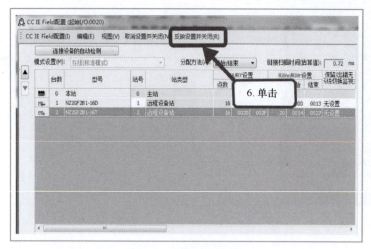

图 6-44　反映设置并关闭

7）在网络配置界面的模块一览"基本模拟输入模块"中选择"NZ2GF2B-60AD4"，拖放到站一览或网络配置图上，然后进行以下设置，如图 6-45 所示。

设置内容：

$\begin{cases} RX/RY设置起始：0040 \\ \qquad\qquad 结束：005F \end{cases}$

$\begin{cases} RWw/RWr设置起始：0028 \\ \qquad\qquad\quad 结束：0037 \end{cases}$

同样，从模块一览"基本模拟输出模块"中选择"NZ2GF2B-60DA4"，拖放到站一览或网络配置图上，然后进行以下设置。

设置内容：

$\begin{cases} RX/RY设置起始：0060 \\ \qquad\qquad 结束：007F \end{cases}$

$\begin{cases} RWw/RWr设置起始：0038 \\ \qquad\qquad\quad 结束：0047 \end{cases}$

同样，从模块一览"主站·本地站模块"中选择"RJ71GF11-T2"，拖放到站一览或网络配置图上，然后进行以下设置。

设置内容：

$\begin{cases} RX/RY设置起始：0080 \\ \qquad\qquad 结束：009F \end{cases}$

$\begin{cases} RWw/RWr设置起始：0048 \\ \qquad\qquad\quad 结束：0057 \end{cases}$

项目 6　CC-Link IE Field 通信应用

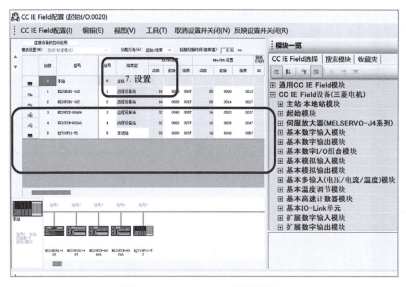

图 6-45　CC IE Field 网络配置 3

8）设置后，单击菜单中的【反映设置并关闭】，关闭 CC IE Field 配置对话框。
9）进行链接刷新设置，如图 6-46 所示。

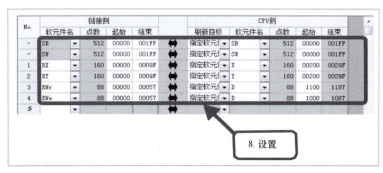

图 6-46　链接刷新设置

10）单击【应用】按钮，关闭 RJ71GF11-T2 模块参数对话框。
11）设置参数后，以"EX1-M"的文件名保存工程。

4. 连接目标指定

由于需要将主站的参数写入到 CPU 模块中，因此需指定连接目标。

1）从工程软件菜单中选择【在线】→【当前连接目标】，如图 6-47 所示。

2）在"连接目标指定 Connection"界面上，单击【CPU 模块直接连接设置】按钮，如图 6-48 所示，显示 CPU 模块直接连接设置对话框。

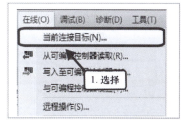

图 6-47　当前连接目标

3）选择 CPU 模块连接方法，单击【是】按钮，如图 6-49 所示。
4）单击"其他站指定"中的【无其他站指定】，如图 6-50 所示。
5）单击【通信测试】按钮，如图 6-51 所示。
6）确认与 CPU 模块连接成功，如图 6-52 所示。

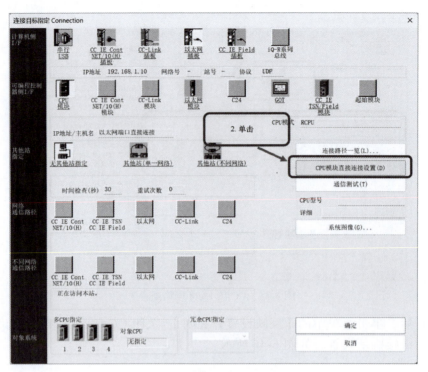

图 6-48　CPU 模块直接连接设置

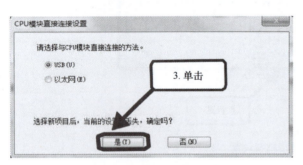

图 6-49　选择 CPU 模块连接方法

图 6-50　无其他站指定

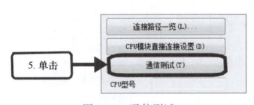

图 6-51　通信测试

图 6-52　与 CPU 模块连接成功

7）单击【确定】按钮，如图 6-53 所示。

5. 参数写入

将设置的主站参数写入到 CPU 模块。如果 CPU 模块中存在已写入的数据，则在写入主站参数之前，通过【在线】→【CPU 内存操作】→【CPU 内置存储器】→【初始化（F）】，清除 CPU 内存。

项目 6　CC-Link IE Field 通信应用

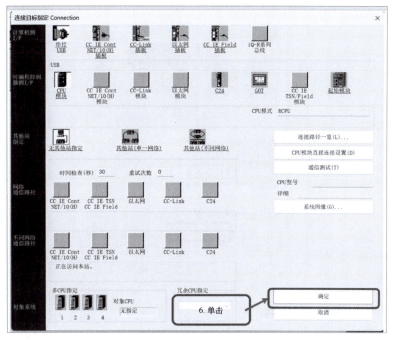

图 6-53　连接确定

1）从工程软件菜单中选择【在线】→【写入至可编程控制器】，如图 6-54 所示。

2）显示在线数据操作对话框，选择要写入的内容，如图 6-55 所示。

3）单击【执行】按钮。

4）显示写入至可编程控制器对话框，如图 6-56 所示

5）写入完成后，显示"完成"的提示信息，单击【关闭】按钮。

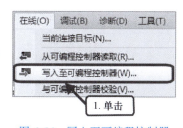

图 6-54　写入至可编程控制器

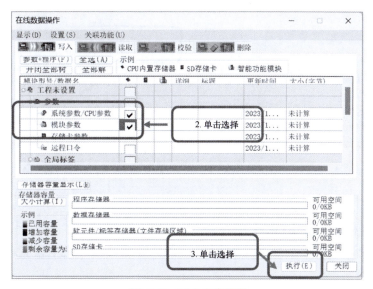

图 6-55　写入内容选择

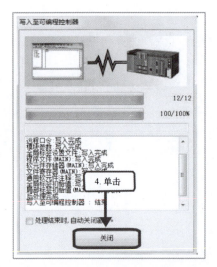

图 6-56 写入至可编程控制器对话框

6.2.2 远程 I/O 站参数设置

设置从站的参数之前，需事先将主站的参数写入 CPU 模块。

1）打开 CC IE Field 配置对话框，在站一览中右键单击 NZ2GF2B1-16D，单击【在线】→【处理设备站的参数】，如图 6-57 所示。

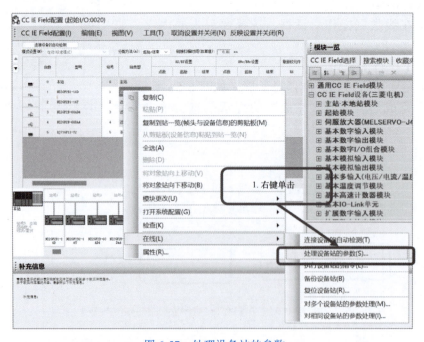

图 6-57 处理设备站的参数

2）显示对话框，单击【OK】按钮。

3）显示【处理设备站的参数】对话框，在"执行处理"栏中设置"参数写入"，如图 6-58 所示。

4）根据初始值设置各项目，按照以下值进行初始运行设置，如图 6-59 所示。

项目 6　CC-Link IE Field 通信应用

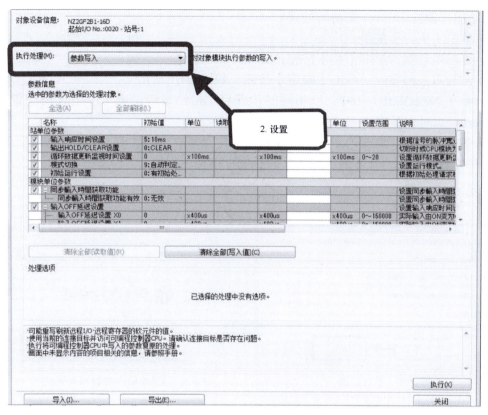

图 6-58　设备站参数写入

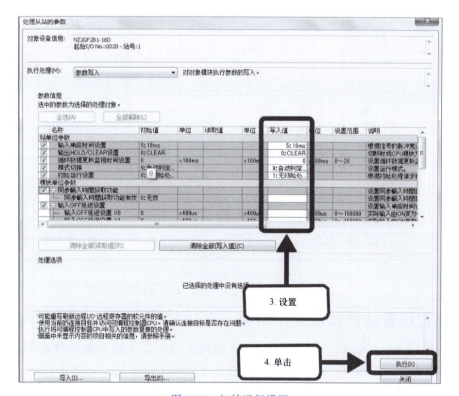

图 6-59　初始运行设置

初始运行设置为"1：无初始处理"。

5）单击【执行】按钮。

6）显示对话框，单击【是】按钮，如图 6-60 所示。

7）参数写入已完成，单击【确定】按钮，如图 6-61 所示。

8）对于 NZ2GF2B1-16T，以相同的步骤将"初始运行设置"的写入值设置为"1：无初始处理"，写入参数。

9）参数设置后，单击【工程】→【另存为】菜单，保存工程，如图 6-62 所示。
保存位置：任意；文件名："EX1"；标题：未输入。

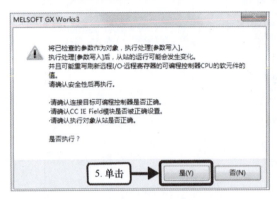

图 6-60 执行处理

图 6-61 参数写入完成

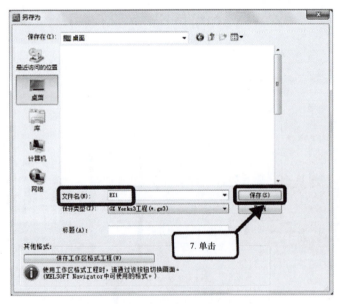

图 6-62 保存工程

6.2.3 远程设备站参数设置

设置远程设备站的参数，请在已向 CPU 模块中写入了主站参数的状态下，进行远程设备站的参数设置。

1）在 NZ2GF2B-60AD4 的写入值列中进行以下设置，如图 6-63 所示。

CH2～4 的 A/D 转换允许/禁止设置为"1：禁止"。
CH1 范围设置为"4：–10～10V"。
CH1 平均处理指定为"1：时间平均"。
CH1 平均时间/平均次数/移动平均设置为"500"。
CH1 比例缩放有效/无效设置为"0：有效"。
CH1 比例缩放上限值为"32000"。
CH1 比例缩放下限值为"–32000"。

2）单击【执行】按钮，写入参数。

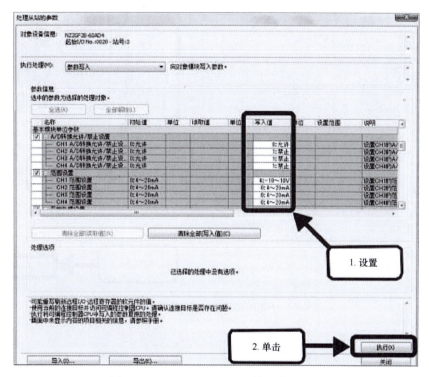

图 6-63 NZ2GF2B-60AD4 模块参数设置

3）在 NZ2GF2B-60DA4 的写入值列中进行以下设置，如图 6-64 所示。
CH1D/A 转换允许/禁止设置为"0：允许"。
CH1 范围设置为"4：–10～10V"。
CH1 比例缩放有效/无效设置为"0：有效"。
CH1 比例缩放上限值为"32000"。
CH1 比例缩放下限值为"–32000"。

4）单击【执行】按钮，写入参数，如图 6-64 所示。
5）设置参数后，以"EX2"的文件名保存工程。

6.2.4 本地站参数设置

在设置主站参数的工程以外的其他工程中，在模块配置图上添加本地站模块，设置本地站的参数。关于创建模块配置图的操作，请参照 6.2.1 节。

1）新建工程，按照 6.2.1 节中的步骤添加主站/本地站模块，如图 6-65 所示，然后进行以下设置并确定参数(在模块标签添加确认界面上单击【否】按钮)。

设置内容：起始 XY 为 0020；站类型为本地站。

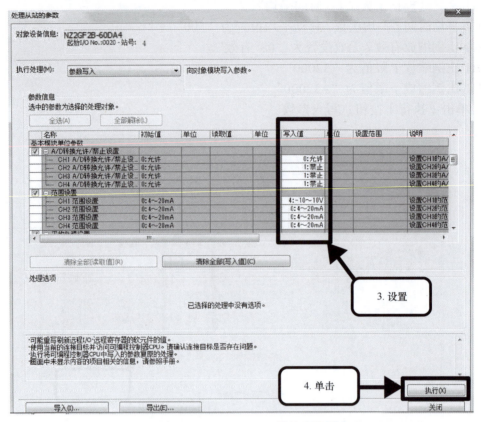

图 6-64　NZ2GF2B-60DA4 模块参数设置

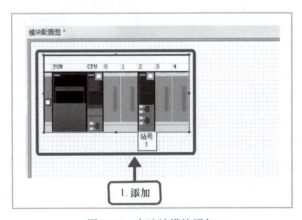

图 6-65　本地站模块添加

2）在模块配置图上双击 RJ71GF11-T2，打开 RJ71GF11-T2 模块参数对话框，将站号设置为"5"，如图 6-66 所示。

3）进行如图 6-67 所示的链接刷新设置。

4）单击【应用】按钮，如图 6-68 所示，打开 RJ71GF11-T2 模块参数对话框。

5）设置参数后，以"EX3-L"的文件名保存工程。

项目 6　CC-Link IE Field 通信应用

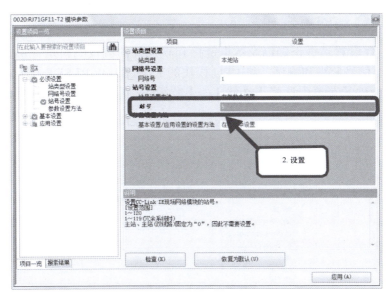

图 6-66　设置本地站站号

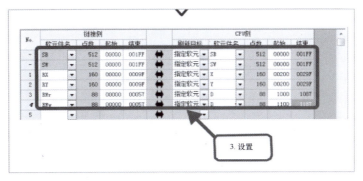

图 6-67　本地站刷新设置

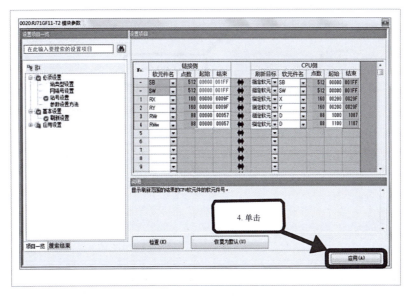

图 6-68　单击【应用】按钮

6.2.5 远程 I/O 站的监视和测试

为了确认参数设置是否正确以及数据链接和软元件的链接刷新是否正常,需进行远程 I/O 站的输入输出信号监视和测试。将 CPU 模块的 RUN/STOP/RESET 开关设置为 STOP。

1)从工程软件的菜单中选择【在线】→【监视】→【软元件/缓冲存储器批量监视】,如图 6-69 所示。

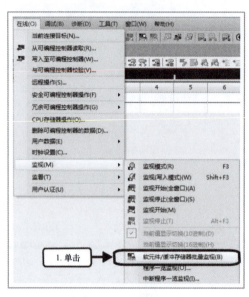

图 6-69 监视方法

2)显示软元件/缓冲存储器批量监视对话框,在"软元件名"中输入"X200",然后按"Enter"键,如图 6-70 所示。

3)将连接 NZ2GF2B1N-16D 端子排"X1"的开关设置为 ON。

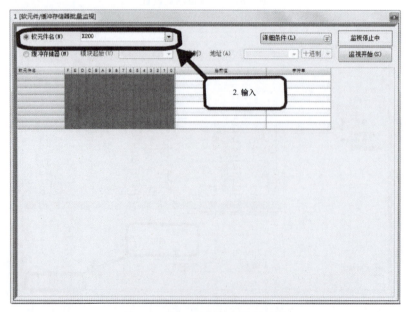

图 6-70 输入软元件名进行监视

4）在软元件/缓冲存储器批量监视对话框中，X201 变为 ON 时，如图 6-71 所示，可确认输入（RX）的数据链接和刷新正常进行。

5）单击【监视停止】，如图 6-71 所示。

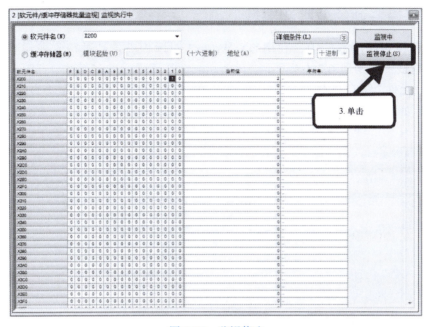

图 6-71　监视停止

6）如图 6-72 所示，创建临时的梯形图程序，然后写入 CPU 模块，将 RUN/STOP/RESET 开关复位后，设置到 RUN 位置。

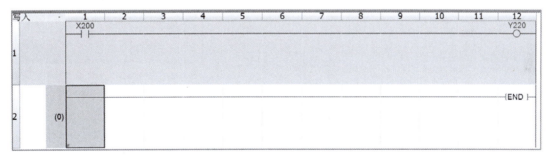

图 6-72　创建临时程序

7）选择【在线】→【监视】→【监视模式】菜单，切换到监视模式，在选择"X200"的状态下，单击【调试】→【当前值更改】，如图 6-73 所示。

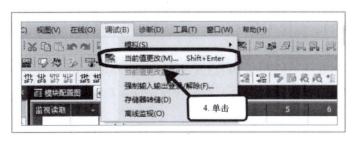

图 6-73　当前值更改

8）NZ2GF2B1N-16T 根据"X200"的 ON/OFF，输出响应为灯亮/灯灭，由此确认输出（RY）的数据链接和刷新正常进行。

至此，远程 I/O 站的监视/测试完成。

6.2.6　远程设备站的监视和测试

在与远程设备站的通信中，利用 GX Works3 对远程设备站进行监视和测试。关于监视和软元件测试，请参照 6.2.5 节。

1）在软元件/缓存批量监视对话框中，在"软元件名"中输入"D1140"，然后按"Enter"键，如图 6-74 所示。

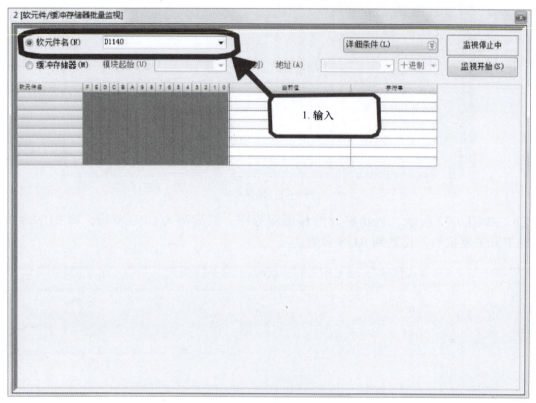

图 6-74　软元件名输入

2）确认数字输出值被保存在 D1142 中，如图 6-75 所示。
3）确认软元件"D1058"，双击"当前值"列，如图 6-76 所示。
4）显示对话框，单击【是】按钮，如图 6-77 所示。
5）显示监看窗口，右键单击当前值列，单击"监看开始"菜单，如图 6-78 所示。
6）将当前值设置为"8000"，如图 6-79 所示。
7）设置的"8000"被保存到 NZ2GF2BN-60DA4 的 CH1 数字值设置区域，如图 6-80 所示。图 6-23b 中界面 2 的输出电压表（D/A OUTPUT）数值约为 2.5V。至此，远程设备站的监视和测试完成。

项目 6　CC-Link IE Field 通信应用

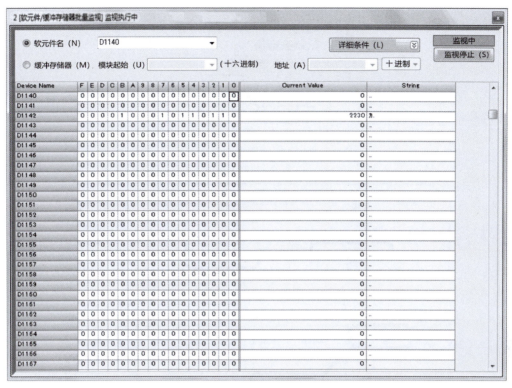

图 6-75　监视数字输出值

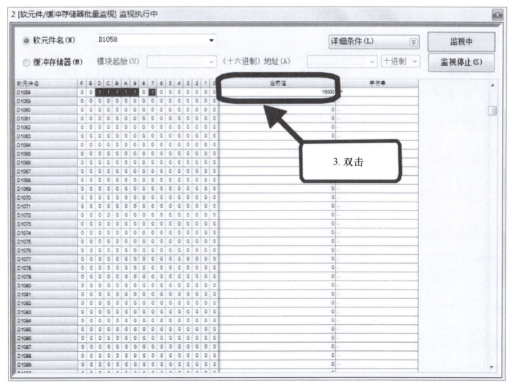

图 6-76　监视数字输出

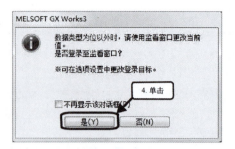

图 6-77 登录监视窗口

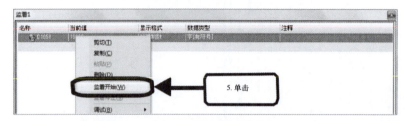

图 6-78 监看开始

图 6-79 设置当前值

图 6-80 设置软元件当前值

6.2.7 创建 PLC 程序

1. 设置表

（1）链接软元件 主站可对所有区域进行发送和接收，从站可对分配的区域发送和接收。本任务所用模块及链接软元件区域分配见表 6-5 和表 6-6。

表 6-5 本任务所用模块及说明

模块		说明	
主站	—	R08CPU	可编程控制器
	站号 0	RJ71GF11-T2	网络模块
远程 I/O 站	站号 1	NZ2GF2B1-16D	基本数字输入模块
远程 I/O 站	站号 2	NZ2GFB1-16T	基本数字输出模块
远程设备站	站号 3	NZ2GF2B-60AD4	基本模拟输入模块
远程设备站	站号 4	NZ2GF2B-60DA4	基本模式输出模块
本地站	—	R08CPU	可编程控制器
	站号 5	RJ71GF11-T2	网络模块

表 6-6 链接软元件区域分配

站号	软元件							
	RX→（X）		RY→（Y）		RWw→（D）		RWr→（D）	
	远程侧软元件	CPU 侧软元件	远程侧软元件	CPU 侧软元件	远程侧软元件	CPU 侧软元件	远程侧软元件	CPU 侧软元件
1	0000 ~ 000F	00200 ~ 0020F	0000 ~ 000F	00200 ~ 0020F	0000 ~ 0013	1000 ~ 1019	0000 ~ 0013	1100 ~ 1119
2	0020 ~ 002F	00220 ~ 0022F	0020 ~ 002F	00220 ~ 0022F	0014 ~ 0027	1020 ~ 1039	0014 ~ 0027	1120 ~ 1139
3	0040 ~ 005F	00240 ~ 0025F	0040 ~ 005F	00240 ~ 0025F	0028 ~ 0037	1040 ~ 1055	0028 ~ 0037	1140 ~ 1155
4	0060 ~ 007F	00260 ~ 0027F	0060 ~ 007F	00260 ~ 0027F	0038 ~ 0047	1056 ~ 1071	0038 ~ 0047	1156 ~ 1171
5	0080 ~ 009F	00280 ~ 0029F	0080 ~ 009F	00280 ~ 0029F	0048 ~ 0057	1072 ~ 1087	0048 ~ 0057	1172 ~ 1187

（2）用户软元件 本任务所用到的用户软元件见表 6-7。

表 6-7 用户软元件

软元件	内容
X20	模块异常
X21	本站数据链接状态
X2F	模块就绪
X2nA（RX1A）	出错状态标志
X2nB（RX1B）	远程就绪
Y170～Y175	各站异常时灯亮（末尾 0 是主站，依次是后续站）
Y176	站号 1 RX1=ON 时灯亮
SW00B0.0～SW00B0.4	各站的数据链接状态（站号 1～站号 5）

注意：与远程站的安全链接，在对主站进行"应用设置"的"安全通信设置"后，仅在数据链接实施中可以建立。数据链接状态可以通过"各站数据链接状态"（SW00B0～SW00B7）进行确认。

2. PLC 程序（主站侧和本地站侧）

任务动作：

1）将主站侧和本地站侧各 CPU 模块的 RUN/STOP/RESET 开关设置到"RESET"位置（约 1s），然后复位。

2）将主站侧和本地站侧各 CPU 模块的 RUN/STOP/RESET 开关设置到"RUN"位置。

数据链接正常，则主站侧 Y170 指示灯闪烁。

3）将本地站侧的 X102 设置为 ON。

本地站侧程序中 X102=ON → Y282=ON，主站侧程序中 X282=ON → Y177=ON，结果主站侧 Y177 灯亮。

4）确认主站、本地站互相发送了初始输入软元件 D21 中的设置值。

主站→本地站：

① 在主站侧的初始输入软元件 D21 中设置数值，例如 1234。

② 在主站设置 X106 为 ON。

③ 确认本地站的初始显示软元件 D1。

本地站→主站：

① 在本地站侧的初始输入软元件 D21 中设置数值，例如 5678。

② 在本地站设置 X106 为 ON。

③ 确认主站的初始显示软元件 D1。

5）将远程 I/O 站（NZ2GF2B1N-16D）的端子排开关设置为 ON。

根据本地站程序，Y201（RY1）转为 ON，Y176 灯亮。

注意：主站的 X201（RX1）对应于本地站的 Y201（RY1）。

创建下述 PLC 程序，写入到主站侧的 CPU 模块。点画线部分表示本地站的处理。主站侧 PLC 程序如图 6-81 所示。

本地站侧程序如图 6-82 所示。

项目 6　CC-Link IE Field 通信应用

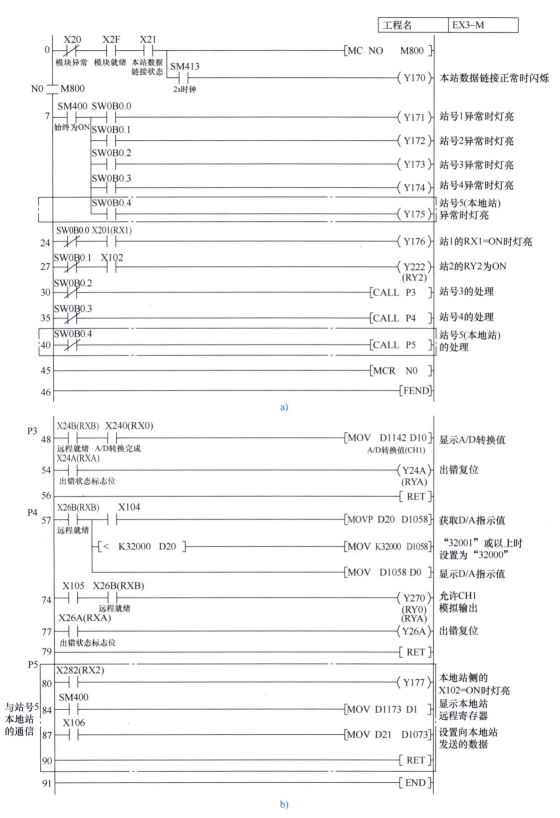

图 6-81　主站侧 PLC 程序

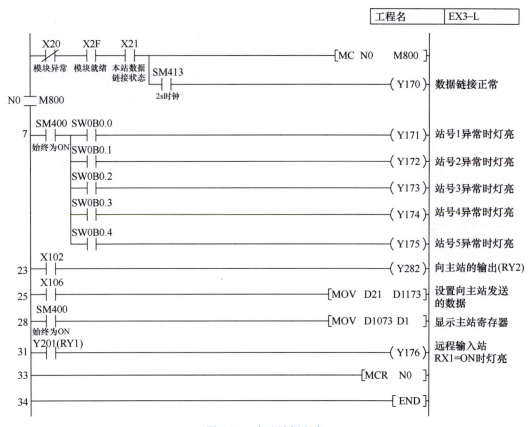

图 6-82 本地站侧程序

6.2.8 诊断功能

利用 CC-Link IE Field 诊断功能确认网络状态、接线形式、异常内容，并通过运行测试确认通信，确认网络状态和进行故障排除。

判断网络运行不正常时，用工程软件 GX Works3，从诊断菜单执行【CC-Link IE Field 诊断】，CC-Link IE Field 诊断功能在显示网络状态时，会显示与实际网络相同的配线，因此可以快速锁定异常部位，缩短处理问题所需的时间。

1. 诊断列表

在利用 CC-Link IE Field 诊断中，可确认以下项目，如图 6-83 所示。

1）显示网络配置图、错误状态。显示电缆断线、断开连接的站。

2）显示所选站的状态和异常内容。本站作为副主站时，不能使用此诊断功能。

3）进行通信测试、IP 通信测试、电缆测试。链接启动/停止测试，仅在连接了主站时，可诊断其他站的链接启动和停止。

4）保留站暂时解除/取消，仅在连接了本地站时，可显示保留站。暂时错误无效站设置/取消，仅在连接了本地站时，可显示暂时错误无效站。本站作为副主站时，不能使用此诊断功能。

5）远程操作，所选站不是 MELSEC-iQ-R 系列时，不能执行。

项目 6 CC-Link IE Field 通信应用

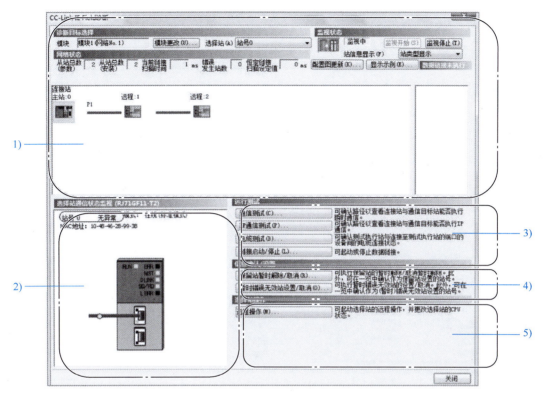

图 6-83 诊断界面

2. 操作步骤

1）单击【诊断】→【CC-Link IE Field 诊断】，如图 6-84 所示。

2）显示 CC-Link IE Field 诊断对话框，按照当前的连接顺序确认可以通信。

3）单击【通信测试】按钮，确认从本站到通信对象的瞬时传送通信路径是否正确，如图 6-85 所示。

4）显示通信测试对话框，设置要进行通信测试的通信对象站号，然后单击【测试执行】按钮，如图 6-86 所示。

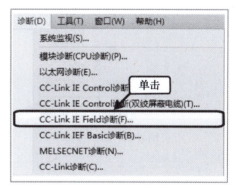

图 6-84 选择诊断功能

5）显示通信测试结果，确认从本站到通信对象的通信路径未发生错误，然后单击【关闭】按钮，如图 6-87 所示。

6）单击【电缆测试】按钮，确认以太网电缆是否断线或未连接，如图 6-88 所示。

7）显示电缆测试对话框，设置要进行电缆测试的站号，然后单击【测试执行】按钮，如图 6-89 所示。

8）显示电缆测试结果，确认在设置站号的实习机上，连接以太网电缆的端口未发生错误，然后单击【关闭】按钮，电缆测试结果如图 6-90 所示。

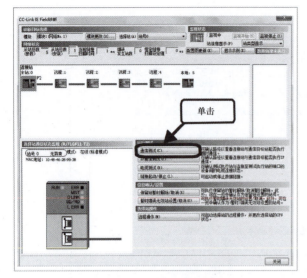

图 6-85 通信测试

图 6-86 执行测试

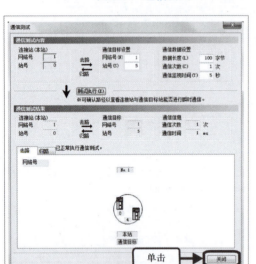

图 6-87 测试过程

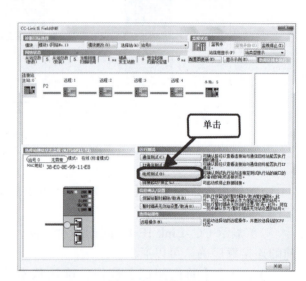

图 6-88 电缆测试

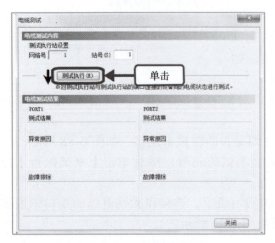

图 6-89 选择要测试的站号

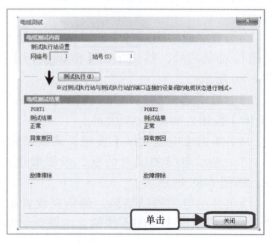

图 6-90 电缆测试结果

9）为确认更改了接线形式时的诊断界面（见图 6-91），用 NZ2GF2B1-16T 和 NZ2GF2BN-60AD4 间的以太网电缆，将 NZ2GF2B1-16T 侧的端子连接到主站模块。本操作后，接线形式变为分支的线形连接。

10）确认 CC-Link IE Field 诊断对话框的网络状态已变更，如图 6-91 所示。

11）将所有模块的以太网电缆连接到交换式集线器。本操作后，接线形式变为星形连接。

12）确认 CC-Link IE Field 诊断对话框的网络状态已变更，如图 6-92 所示。

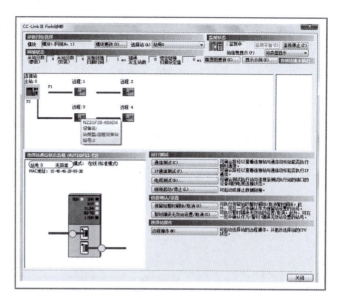

图 6-91　诊断界面

13）将其中某一个模块的以太网电缆连接到另一台。本操作后，接线形式变为星形连接和线形连接混合。

14）确认 CC-Link IE Field 诊断对话框的网络状态已变更，如图 6-93 所示。

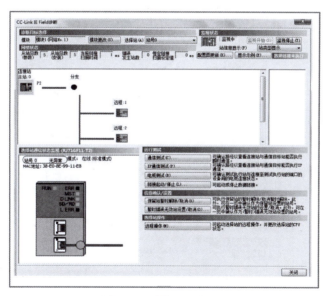

图 6-92　诊断界面变更 1

15）发生网络故障时，为确认详细情况，将其中某一模块的以太网电缆拔出，在网络断线的状态下确认 CC-Link IE Field 诊断对话框中的显示。

16）选择发生了错误的模块，单击图 6-94 所示的按钮，确认该错误的详细信息。

17）确认该错误的详细信息，如图 6-95 所示。

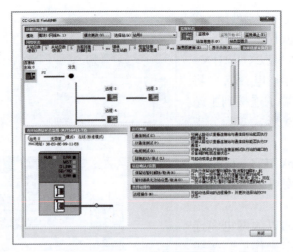

图 6-93　诊断界面变更 2

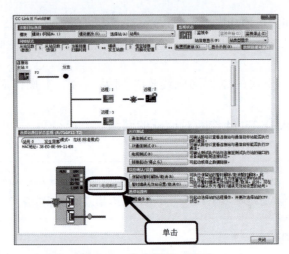

图 6-94　发生错误时界面

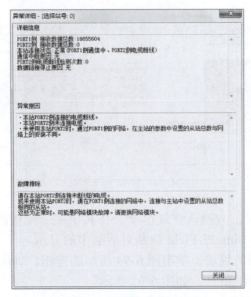

图 6-95　错误的详细信息

6.2.9 系统监视

CC-Link IE Field 系统监视功能显示正在进行的系统模块配置和各模块详细信息。另外，还可确认错误状态，对发生错误的模块进行诊断。

操作步骤如下：

1）单击【诊断】→【系统监视】，如图 6-96 所示。

2）弹出系统监视对话框，显示系统的模块配置，如图 6-97 所示。

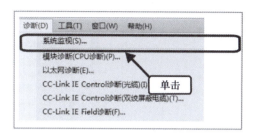

图 6-96 选择系统监视功能

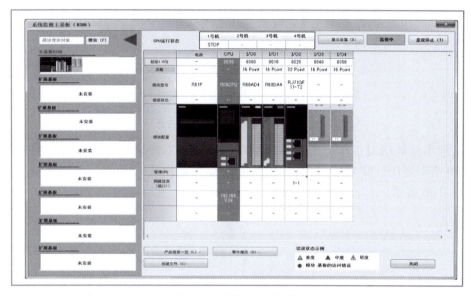

图 6-97 系统监视对话框

3）发生错误时，如图 6-98 所示。

4）双击发生了错误的 CPU 模块。

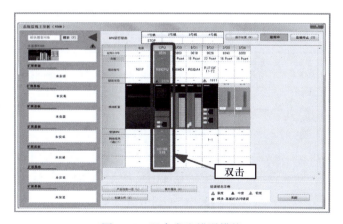

图 6-98 双击发生错误模块

5）显示模块诊断对话框，可确认该错误的详细信息。

6）单击【事件履历】按钮，如图6-99所示。

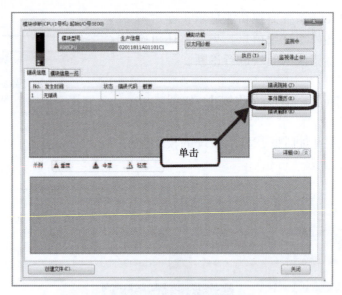

图6-99　单击【事件履历】按钮

7）显示事件履历对话框，可确认模块的错误信息、操作履历及系统信息履历。在使用支持模块错误履历收集功能的CPU模块和智能功能模块时，可显示错误履历的详细信息，如图6-100所示。

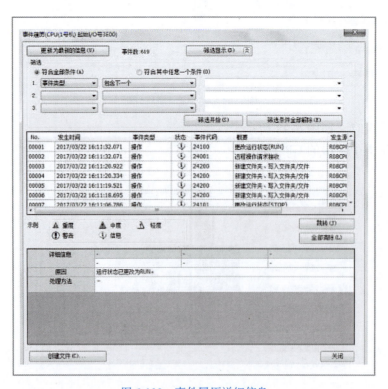

图6-100　事件履历详细信息

项目6　CC-Link IE Field 通信应用

本项目小结

1. CC-Link IE Field 现场网络采用星形或线形网络拓扑结构，或在同一网络中混合使用星形和线形连接，使用满足 1000BASE-T 的以太网线，传输速率达到千兆带宽。

2. 从站指本地站、远程 I/O 站、远程设备站、智能设备站，而不是主站。

3. 连接模块组网时，无需按照站号顺序连接。

4. 循环通信时使用链接软元件 RX、RY、RWw、RWr 在网络各站间定期进行数据通信。

5. 主站和从站（本地站除外）间可 1∶1 进行循环通信。将主站的链接软元件（RY、RWw）的状态输出到从站的外部设备，由从站的外部设备输入时的输入状态保存在主站的链接软元件（RX、RWr）中。

6. 主站与本地站的循环通信，网络各站向链接软元件（RY、RWw）的各传送范围内写入数据，向同一网络的所有站发送数据。将主站的链接软元件（RY、RWw）的状态保存到本地站的链接软元件（RX、RWr）中。将本地站的链接软元件（RY、RWw）的状态保存到主站的链接软元件（RX、RWr）及其他本地站的链接软元件（RY、RWw）中。

7. 从站（本地站除外）和本地站同时存在时，和主站相同，将所有从站的数据保存到本地站。

8. 主站设备类型包括 CPU 模块内置网络功能型、CPU 外置多功能网络模块型、CPU 外置单一专用网络模块型，或用个人计算机带有网络接口板作主站。

9. 从站设备包括与主站一样的设备、远程 I/O 模块、Block 型远程模块、变频器、HMI 或伺服驱动器。

10. 写入可编程控制器 CPU 的网络参数在电源打开或 CPU 复位时，将被传送到主站的参数内存。

11. 各控制模块的发送处理循环一次的动作称为"链接扫描"。

12. 主站链接刷新设置中，链接软元件起始和结束范围是各从站之和。

测试

1. 如图 6-101 所示，请从选项中选择配线形式是星形的网络。（　　）
　　A. Q1　　　　　　B. Q2　　　　　　C. Q3

2. 如图 6-101 所示，请从选项中选择配线形式是总线型的网络。（　　）
　　A. Q1　　　　　　B. Q2　　　　　　C. Q3

3. 如图 6-101 所示，请从选项中选择配线形式是环形的网络。（　　）
　　A. Q1　　　　　　B. Q2　　　　　　C. Q3

4. 对于使用主站和本地站进行循环传送的工业自动化网络，请从选项中选择与此对应的选项。（　　）
　　A. 共享可编程控制器系统间的信息。
　　B. 使用网络传送输入输出的状态，I/O 分散。

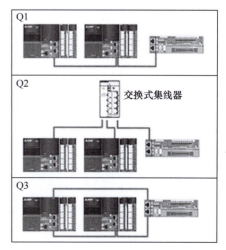

图 6-101　测试题 1 图

5. 对于使用主站和远程站进行循环传送的工业自动化网络，请从选项中选择与此对应的选项。（   ）

A. 共享可编程控制器系统间的信息。

B. 使用网络传送输入输出的状态，I/O 分散。

6. 请从选项中选择关于远程 I/O 控制的正确说明。（   ）

A. 对远程站写入顺控程序后进行控制。

B. 与安装在基板模块上的输入输出模块相同，可控制远程站。

7. 请从选项中选择关于 CC-Link IE Field 网络诊断功能的正确说明。（   ）

A. 在工程软件的界面上一目了然地显示网络上的异常部位，方便进行恢复。

B. 若无工程软件，就无法确认网络的状态。

8. 图 6-102 为远程 I/O 控制中主站的顺控程序。请从选项中选择在远程站的输入开关 X10 设置为 ON 时亮灯的指示灯为（   ）。

1）远程站：Block 型输入模块、DC 32 点输入（X0～1FH）。

2）远程站所用链接软元件 RX 的范围为 0000～001FH。

3）刷新设置：CPU 侧为 X1000～101FH；链接侧为 RX：0000～001FH。

A. 指示灯 A　　　B. 指示灯 B　　　C. 指示灯 C

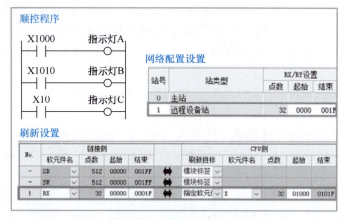

图 6-102　测试题 8 图

项目 7
CC-Link IE Control 通信应用

项目引入

工业网络在速度、容量和传送准确等性能方面要求不断提高，还要将可编程控制器集成一个网络进行控制，随之出现了 CC-Link IE Control 控制网络。那么这类网络协议与前面所讲的几种类型有什么区别？适用于什么样的工作场景？在网络连接、通信方式、参数设置等方面又有什么特点和要求？本项目以 R 系列 PLC 外加网络模块构成管理站和常规站来组网，对 CC-Link IE Control 控制网络通信原理与通信链接操作步骤进行描述，引导大家学会 CC-Link IE Control 控制网络的应用方法。

任务 7.1 认识 CC-Link IE Control 控制网络

任务描述

在打算采用 CC-Link IE Control 控制网络通信之前，先要了解为什么选择这种网络通信方式，而不是其他通信协议，先要回答为什么的问题。本任务就是带领大家学习 CC-Link IE Control 控制网络知识，了解该网络的特点、与 CC-Link IE Field 现场网络的区别、配线方式、循环通信步骤、链接软元件分配方法，解决为什么选用 CC-Link IE Control 控制网络的问题，为后续应用奠定基础。

知识学习

7.1.1 CC-Link IE Control 控制网络地位及特点

CC-Link IE Control 控制网络是高速、大容量开放性网络，采用抗噪声的光纤，支持环路功能，即使在电缆断开或站点故障时也能保证通信的连续性，如图 7-1 所示。基于以太网的 CC-Link IE Control 网络是一个集成网络，用于将数据从信息系统无缝传输到生产控制网站，可连接工厂内生产线间和装置间的可编程控制器。CC-Link IE Control 网络英文全称是 CC-Link IE Control Network。

CC-Link IE Control 控制网络特点：
1）实现高速通信。
① CC-Link IE 控制网络能够以 1Gbit/s 的通信速度进行高速通信。
② 减少传送给 CPU 模块的链接刷新点数，仅提供需要的范围，因此，可缩短刷新时间和传送延迟时间，如图 7-2 所示。

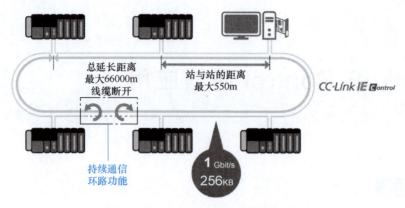

图 7-1　CC-Link IE Control 控制网络

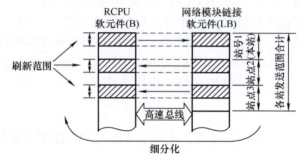

图 7-2　链接软元件范围

2）大规模且灵活的系统构筑。使用 CC-Link IE Control 控制网络模块如 RJ71GP21-SX/RJ71GP21S-SX，可以在同一网络上的站点之间进行周期性的大容量数据通信。网络模块参数见表 7-1。

表 7-1　网络模块参数

项目	RJ71GP21-SX/RJ71GP21S-SX
兼容网络	CC-Link IE Control
通信速度 /（Gbit/s）	1
每个网络最大站数	120
网络拓扑结构	双环路
连接电缆	光纤电缆
站到站最大距离 /m	550
总电缆距离 /m	66000
链接继电器 LB	32768bit
链接寄存器 LW	131072bit
链接输入 LX、链接输出 LY	8192bit

3）循环数据完整性。保证数据以 32bit 为单位或以站为单位来保证循环数据的完整性。

4）广泛的实时网络监控，轻松的故障排除。可以通过软件 GX Works3 轻松监控网络状态，从而在通信时直观地排除网络错误或调整网络操作。无论软件连接到哪个站点，都可以监控网络中的所有站点。

7.1.2 CC-Link IE Control 控制网络与 CC-Link IE Field 现场网络的区别

CC-Link IE 分为 Control IE Control 控制网络与 CC-Link IE Field 现场网络，两者的区别见表 7-2。本任务仅对使用光纤电缆连接的 CC-Link IE Control 网络进行说明。

表 7-2 Control IE Control 控制网络与 CC-Link IE Field 现场网络的区别

项目	CC-Link IE Control 网络		CC-Link IE Field 网络
特点	大容量、高可靠性、远距离		全面、配线灵活
分散用途	控制器分散控制		控制器分散控制、远程 I/O 控制
软元件最大点数	131072bit		16384bit
容错性	管理站转移：管理站故障时仍可继续运行		副主站功能：主站故障时仍可继续运行
通信媒介	光纤电缆：价格高，施工有技术要求，抗干扰性高	双绞线电缆：低价，施工比较简单	
拓扑	环形 双环路，可靠性高	星形、线形、环形，配线灵活	星形、线形、环形，配线灵活
站间电缆距离 /m	550	100	100
总延长	550m×120（最大连接站数）=66km	线形连接时：100m×120（最大连接站数）=12km	线形连接时：100m×120（最大连接站数）=12km

7.1.3 配线形态

环形连接构成一个环，具有高可靠性，配线和站的异常相对不容易波及整体，如图 7-3 所示。

图 7-3 环形网络

双环路，2 组传送线路，某一站发生异常时，通过剩下的正常站继续通信，此动作称为环回，如图 7-4 所示。

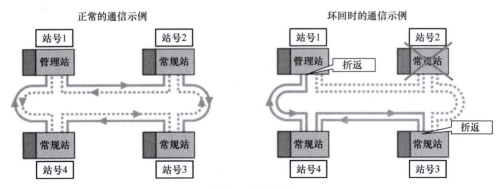

图 7-4 环回示意

7.1.4 数据通信步骤

以下对数据通信步骤进行说明：

1）信息共享。要在可编程控制器间实现信息共享，1台可编程控制器必须将置为ON的信号和运算数据的内容传送到其他可编程控制器。可编程控制器使用链接专用软元件（链接软元件）来共享信息。链接软元件分为链接继电器"B"和链接寄存器"W"。

图 7-5 说明 CC-Link IE Control 控制网络连接的两个可编程控制器通过共享软元件 B 和 W，实现信息共享。

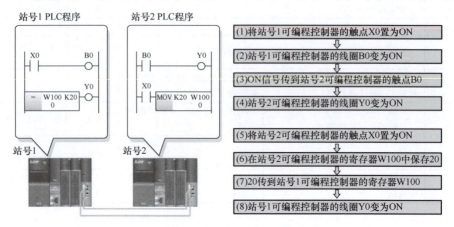

图 7-5　共享软元件 B 和 W 实现信息共享

2）共享软元件的区域与站间的对应。为了共享 CC-Link IE Control 控制网络所连接的可编程控制器间的信息（ON/OFF 信号、数值数据），在可编程控制器的软元件上设计了与其他可编程控制器共享的区域，在此区域间定期进行数据传送。示例如图 7-6 所示。

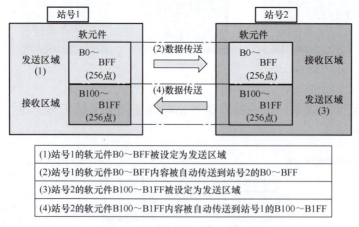

图 7-6　站间共享软元件区域对应

各可编程控制器将要发送的信号和数据设置到自站发送区域的软元件内，即可将其发送到其他的可编程控制器。接收端也可像没有意识到网络一样，只需查看自站接收区域的软元件，即可识别对方发来的信息。

3）软元件数据的传送。CC-Link IE Control 控制网络使用链接继电器"B"（ON/OFF 信息）与链接寄存器"W"（16 位数值信息）来实现数据共享。站号 1 的可编程控制器上为 ON 的 B0 直到站号 2 的可编程控制器上的 B0 变为 ON 为止，如图 7-7 所示。

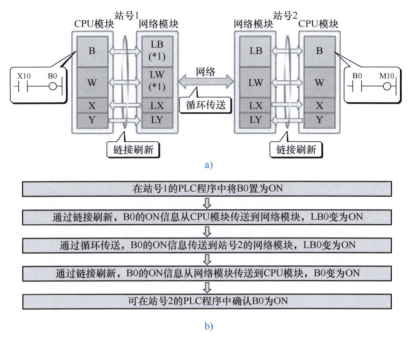

图 7-7 两站之间软元件的数据传送

7.1.5 链接软元件的分配方法

可在 CPU 模块的链接软元件范围内设置链接继电器（LB）、链接寄存器（LW）。各站通过工程软件 GX Works3 的模块参数分配"发送范围（发送区域）"。在某一站分配作为发送区域的链接软元件区域在其他站对应作为接收区域。三站链接软元件区域相互对应关系如图 7-8 所示。

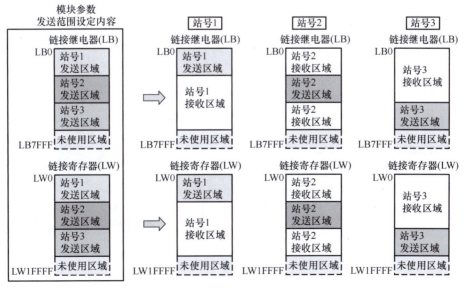

图 7-8 三站链接软元件区域相互对应关系

在站号 1 到 3 的 CPU 模块的链接软元件范围内逐个分配 512 点的 LB 和 LW，如图 7-9 所示。

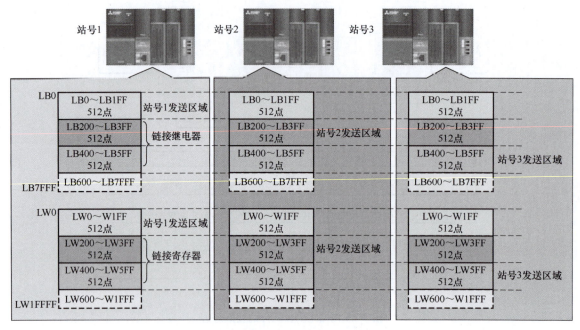

图 7-9 三站链接软元件范围具体分配

7.1.6 循环传送数据通信方式

CC-Link IE Control 控制网络可同时使用循环传送、瞬时传送，但在本项目中只针对循环传送进行说明。关于循环传送和瞬时传送的定义参见 5.1.4 节。

循环传送方式是定期的数据通信，网络内各可编程控制器依次按照规定的时间间隔，发送自站发送区域的数据。此时，不发送的其他站都接收这些数据。然后各可编程控制器的发送权依次前移，确保数据的发送。

各可编程控制的发送处理完成一个循环，称为一个"链接扫描"。各可编程控制器在每个链接扫描中都获得发送权。此状态称为"维持准时性"。循环传送中各站发送数据的时间示例如图 7-10 所示。

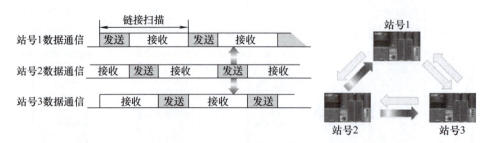

图 7-10 三站之间循环传送发送数据

在循环传送方式中，各站必须按顺序进行发送，所以即使网络的连接台数或通信频率增加，也不会发生数据冲突，都能进行数据发送，因此适合用于对通信的准时性有要求的生产设备等的控制。

如果在网络连接的 CPU 模块间将功能分散开来，与利用一个 CPU 模块实现所有功能时相比较，具有以下优点：负载分散，减小因故障造成的影响。

任务 7.2　学习 CC-Link IE Control 控制网络设备构成和规格

任务描述

要进行站点之间的 CC-Link IE Control 控制网络通信，需要确认网络连接站数、连接方式、连接点数、连接距离以及通信速度，进行成本核算，最终确定方案选择好通信设备。做好这些准备工作，才能进行接线，然后进行通信参数的设置，以及后续的编程。本任务就是带领大家学习 CC-Link IE Control 控制网络设备构成与规格，为后续的案例实施做好准备。

知识学习

7.2.1　网络构成

CC-Link IE Control 控制网络由 1 台"管理站"和多台"常规站"构成，如图 7-11 所示。站号是指对各站指定不同的编号，可通过模块参数的设置切换管理站与常规站。

1）管理站的作用。管理站是指管理模块参数的站。一个网络内只能设置 1 个管理站。在管理站的模块参数中指定各站链接软元件的分配。

2）常规站的作用。管理站以外的站称为"常规站"。根据在管理站所设置的模块参数，将自站发送范围的数据发送到其他站。

管理站发生故障时，其他的常规站成为代替的管理站（副主站），可继续数据通信（管理站转移功能）。

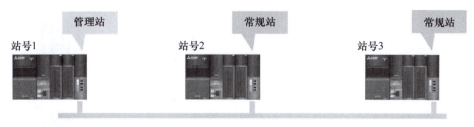

图 7-11　CC-Link IE Control 控制网络构成

7.2.2　网络规格和配置估算

在选定 CC-Link IE Control 控制网络之前，应确认以下规格，见表 7-3。

182　工业网络控制技术

表 7-3　网络模块规格

确认项目	对应的规格
网络的规模、连接站数	最大网络数：239 1 个网络的连接站数：最多 120 台
连接方式的选定	电缆规格：光纤电缆（多模光纤）或双绞线电缆
链接点数	每 1 个网络的最大链接点数 每 1 个站的最大链接点数
连接距离	总延长距离：66km（连接 120 台时） 站间距离：最大 550m
通信速度	1Gbit/s

选定网络规格时还要进行配置估算：

1）功能分散。纵观整个系统，考虑在哪些地方分割功能比较好。分割的每个站都要有一个 CPU 模块。远程 I/O 控制用途时，使用其他网络，如 CC-Link IE Field 现场网络、CC-Link IE Field Basic 网络以及 CC-Link。

2）负载分散。纵观整个系统，负载过于集中于一个 CPU 模块时，考虑通过 CC-Link IE Control 控制网络分散负载。

3）其他。还要确认站间距离、总延长线距离、电缆规格是否符合设计规格。

7.2.3　管理站或常规站的设备

CC-Link IE Control 控制网络的管理站或常规站设备分为几种，见表 7-4。本项目中，以管理站和常规站使用专用型的模块为例说明系统构建。

表 7-4　CC-Link IE Control 控制网络的管理站或常规站设备

站类别	设备类型	特征	外观
管理站 / 常规站	CPU 模块内置型	CPU 模块内置网络功能（CC-Link IE Field 现场网络、CC-Link IE Control 控制网络、Ethernet）	
	多网络型	具有多个网络功能（CC-Link IE Field 现场网络、CC-Link IE Control 控制网络、Ethernet）的网络模块，每个连接端口可使用不同的网络	
	专用型	CC-Link IE Control 控制网络专用模块，通过光纤电缆连接网络	
	网络接口板	将计算机连接到 CC-Link IE Control 控制网络，支持 PCI Express	

7.2.4 传送延迟时间

传送延迟时间是指从在发送端的程序改变软元件的状态,到可在接收端的程序确认其变化的时间。系统要求准确同步时,需要考虑传送延迟时间,在设计网络系统时确认系统留有余地。两站 CC-Link IE Control 控制网络中,站号 1 CPU 模块的链接继电器 B0 传送到站号 2 CPU 模块的处理流程如图 7-12 所示。

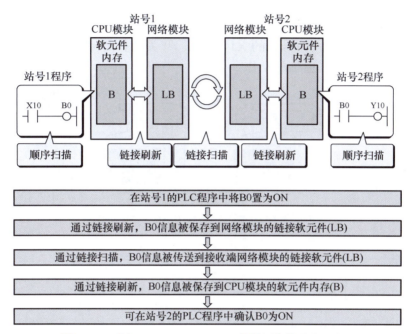

图 7-12　两站 CC-Link IE Control 控制网络传送处理流程

7.2.5 模块参数

以下对使用 CC-Link IE Control 控制网络时需要的模块参数设置内容进行说明。最低限度的设置项目要点见表 7-5。

表 7-5　CC-Link IE Control 控制网络模块参数最低限度的设置内容

设置项目	设置的目的、功能	要点
站类别	设置将网络模块用作管理站还是常规站	务必对要安装的每个模块进行设置
网络号	设置要连接的网络号	
站号	设置用于识别模块的站号	
网络范围分配	设置在 1 个网络中各站发送的链接软元件 LB、LW、LX、LY 的循环传送范围	必须对管理站进行设置(常规站不要设置)
刷新设置	设置 CPU 模块的链接软元件(B/W)与网络模块的链接软元件(LB/LW)间的传送范围	务必对要安装的每个模块进行设置

任务 7.3　CC-Link IE Control 控制网络通信

任务描述

本任务是通过 CC-Link IE Control 控制网络在管理站和常规站之间建立通信，系统配置如图 7-13 所示，使用光纤进行连接。使用装置 A 为管理站，装置 B 为常规站。通过 PLC 程序的动作模拟，确认数据通信的情况。通过此任务的学习，让你学会如何进行 CC-Link IE Control 网络通信实施。

按站号 1 的 X0、X10，站号 2 的 X1、X11，开关动作 ON/OFF，通过指示灯、数据显示和梯形图监视确认数据通信的动作。

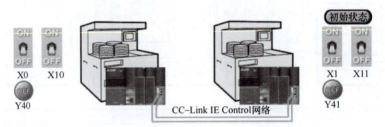

图 7-13　两站 CC-Link IE Control 控制网络

技能学习

7.3.1　系统构成与规格

要构建的网络系统规格见表 7-6。

表 7-6　系统构成与规格

项目	内容
传输线路形式	双环路
网络模块	RJ71GP21-SX
总站数	两站（站号 1：管理站；站号 2：常规站）
网络号	1
链接软元件	链接继电器（B/LB）：256 位 / 站；链接寄存器 W/LW：256 位 / 站

模块构建与 I/O 分配如图 7-14 所示。站号 1（管理站）与站号 2（常规站）的模块构成相同。

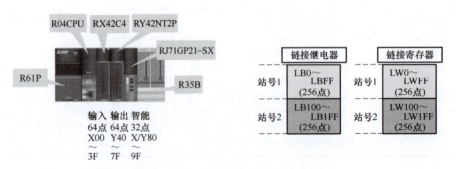

图 7-14　CC-Link IE Control 控制网络模块构建与 I/O 分配

7.3.2 光纤电缆的连接

网络模块 RJ71GP21-SX 分为"IN"和"OUT"的光通信连接器。光纤电缆连接"OUT"与下一站的"IN"。按照"站号 1：OUT"→"站号 2：IN""站号 2：OUT"→"站号 1：IN"的顺序连接，构成环路，如图 7-15 所示。

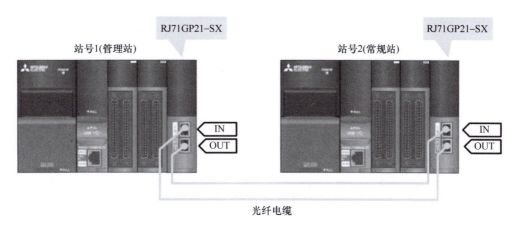

图 7-15　光纤电缆的连接

光纤电缆的使用注意事项如下：

1）环网系统的光传送线路需要 1 对光纤电缆。

2）光纤电缆的纤芯使用了玻璃纤维，电缆的弯曲半径有限制，请慎重使用，使用电缆管等进行保护。

3）进行光纤电缆布线时，请勿用手接触电缆端连接器和模块端连接器的光纤芯线部分，并避免灰尘或污垢的附着。否则手上的油、灰尘或污垢会附着在光纤上，可能造成传送损失增加，导致故障。

连接电缆时注意事项如下：

1）要拔出电缆时，请务必用手捏住电缆端连接器部分。

2）连接时，请将连接器上的凹槽与插孔上的突起对齐，然后插入。

3）插入到电缆端连接器和模块端连接器间发出"咔嚓"声的位置，表示连接到位，如图 7-16 所示。

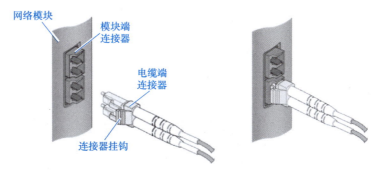

图 7-16　光纤电缆的连接

7.3.3 模块参数的设置

使用 GX Works3，分别对管理站和常规站设置模块参数。

1. 站类型与站号的设置

设置 CC-Link IE Control 控制网络模块的站类型。对管理站、常规站都进行此设置。从导航窗口的【参数】→【模块信息】→【RJ71GP21-SX】，打开模块参数设置界面，填写设置项目一览中的【必须设置】，如图 7-17 所示。

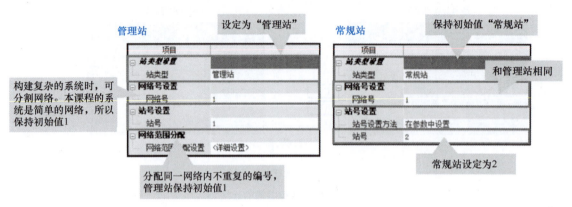

图 7-17 站类型与站号的设置

2. 网络构成的设置

设置要连接到网络的站的构成，以及各站所用链接软元件的范围。只对管理站进行此设置。从模块参数设置界面打开【必须设置】→【网络范围分配设置】，总站数和站号设置如图 7-18 所示。

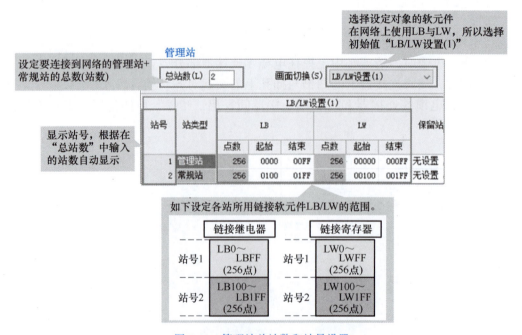

图 7-18 管理站总站数和站号设置

3. 链接软元件的分配

为了决定通过链接刷新传送数据的软元件范围，需设置 CPU 模块的链接软元件与网络模块的链接软元件的分配。对管理站、常规站都进行设置。从模块参数设置界面打开【基本设置】→【刷新设置】，如图 7-19 所示。

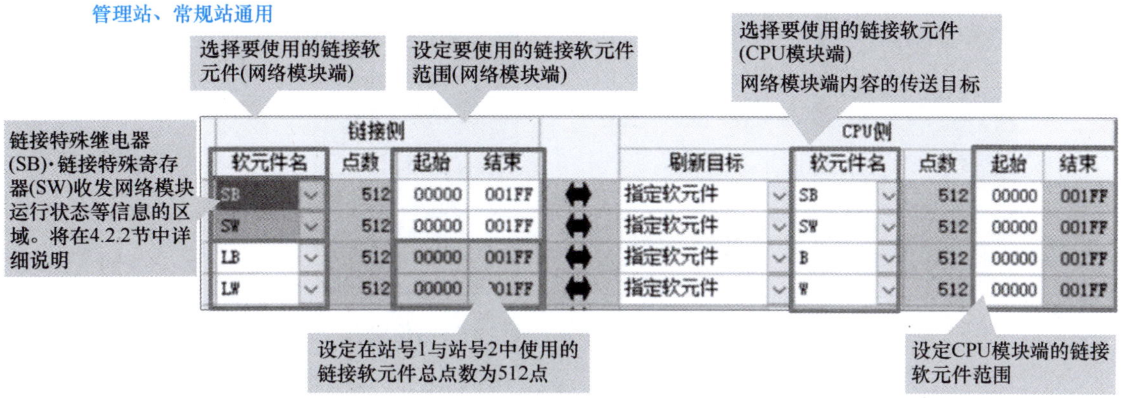

图 7-19 链接软元件的分配

模块参数的设置完成后，执行参数【检查】→参数【应用】→【全部转换】→将设定内容【写入至可编程控制器（W）】→ CPU 模块复位。

7.3.4 缩短传送延迟时间

前面对模块参数的设置进行了说明，根据 7.3.3 节的"网络范围分配设置"限定链接软元件点数后，可缩短"传送延迟时间"。

对站号 1、2 分别分配 512 点的链接软元件 LB，如图 7-20 所示。其中，如果实际分别使用 256 点，可通过分别分配最低限度的 256 点，可缩短"链接扫描时间"。缩短链接扫描时间后，最终将缩短"传送延迟时间"。

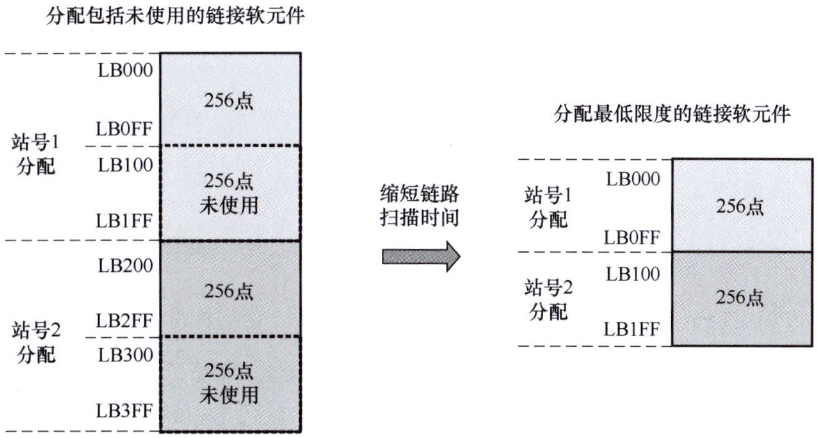

图 7-20 限定链接软元件点数

7.3.5 建立管理站与常规站间的连接

写入各站 CPU 模块的模块参数如果设置没问题，则开始网络通信。首先，通过网络模块的 LED 显示状态确认网络通信是否正常进行，如图 7-21 所示。

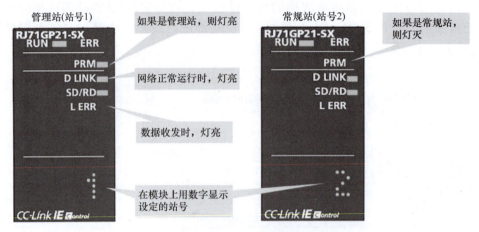

图 7-21　通过 LED 显示确认网络通信状态

7.3.6　通过 PLC 程序确认动作

为了确认网络的数据通信，需创建用于确认站号 1 和站号 2 动作的 PLC 程序。执行写入到 CPU 模块的 PLC 程序，确认网络通信是否正常运行。

各站 PLC 内容如图 7-22 所示。

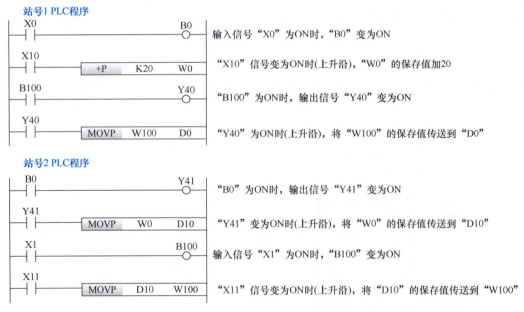

图 7-22　CC-Link IE Control 通信案例程序

1）每次将站号 1 的开关"X10"置为 ON，都对"W0"加 20。同时，站号 2 的"W0"值也变为相同值。

2）对站号 1 的开关"X0"进行 ON/OFF 操作，则线圈"B0"执行 ON/OFF，同时站号 2 的触点"B0"执行 ON/OFF。

3）根据站号 2 的"B0"的 ON/OFF，线圈"Y41"执行 ON/OFF。"Y41"变为 ON

项目 7　CC-Link IE Control 通信应用

时,"W0"的值被传送到"D10"。

4) 根据站号 2 的开关"X1"的 ON/OFF, 线圈"B100"执行 ON/OFF, 同时站号 1 的触点"B100"执行 ON/OFF。根据站号 1 的触点"B100"的 ON/OFF, 线圈"Y40"执行 ON/OFF。

5) 根据站号 2 的开关"X11"的 ON/OFF, 上述"D10"的值被传送到"W100"。

6) 站号 1 的"Y40"变为 ON 时,"W100"的值被传送到"D0"。

◀◀◀ 任务 7.4　CC-Link IE Control 控制网络诊断 ▶▶▶

任务描述

本任务在上个任务基础上,增加控制内容,如图 7-23 所示,在装置 A、B 间交换生产目标和产量的信息,在显示面板上显示其情况。通过此类真实任务的学习,让你学会如何创建控制程序以及如何进行网络故障诊断。

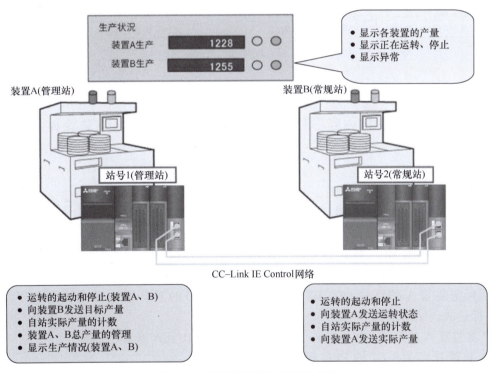

图 7-23　控制任务和显示面板内容

技能学习

7.4.1　信号交换内容

A 和 B 装置间信号的交换内容如图 7-24 所示,依照此要求创建 PLC 程序。

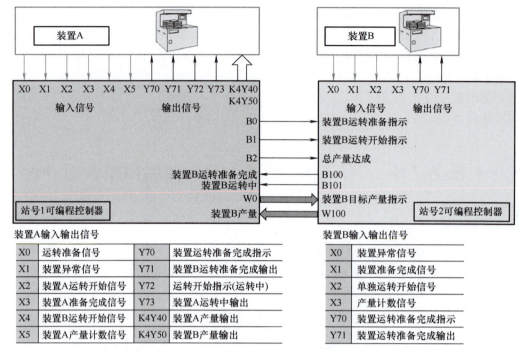

图 7-24 A 和 B 装置间信号的交换内容

7.4.2 控制程序

根据 7.4.1 节中的控制内容，创建用于控制装置 A（站号 1）与装置 B（站号 2）的 PLC 程序。

1. 程序控制要求

根据控制要求编写 PLC 程序，控制要求如下：

1）装置 A（站号 1）的 PLC 程序。

① 根据运转准备信号 X0、装置 A 运转开始信号 X2 有效，装置 A 开始运转。向装置 B 发送运转准备信号 B0、装置 B 运转开始信号 B1。

② 运转过程中，根据从装置 A 输入的产量计数信号 X5，对产量进行计数。

③ 判定装置 A 的产量 D0 与装置 B 的产量 W100 的总产量 D10 是否达到了目标产量，目标达成，结束运转。

④ 将装置 A 的产量 D0 与装置 B 的产量 W100 输出到产量显示面板。

2）装置 B（站号 2）的 PLC 程序。

① 根据从装置 A 发出的运转准备信号 B0、装置 B 运转开始信号 B1 有效，装置 B 开始运转。

② 运转过程中，根据从装置 B 输入的产量计数信号 X3，对产量进行计数。

③ 依次将装置 B 的运转中信号 B101、产量计数值 W100 发送到装置 A。

④ 收到装置 A 发出的总产量目标达成 B2 信号，结束运转。

2. 程序创建要点

创建控制程序主要有以下要点：

1）输入条件包括网络状态的互锁程序。为了正确执行动作，一般的 PLC 程序在创建时，会在监视 CPU 模块状态、设备状态的同时，组合互锁程序。同样，构成网络系统的可编程控制器的 PLC 程序在创建时也将网络状态加入互锁条件。

2）链接特殊继电器 SB、链接特殊寄存器 SW 的使用方法。表示网络状态的软元件都包括根据位信号（ON/OFF）保存的链接特殊继电器 SB 和根据数据信息（16bit）保存的链接特殊寄存器 SW。在网络模块与 CPU 模块间刷新这些信息，可用于在 PLC 程序中确认网络模块状态的互锁信号，或用于错误处理等。

3）考虑到传送延迟、链接刷新时间的 PLC 程序。网络内各可编程控制器可通过链接软元件共享 ON/OFF 信号和数据，但根据传送延迟和链接刷新时间，可能无法正确传送到对象站。

需考虑到以下因素：

1）ON/OFF 信号的交换。如果链接继电器等的 ON/OFF 时间太短，对象站可能由于传送延迟而无法接收。需使用 "SET" "RST" 命令，预留 ON/OFF 的时间，如图 7-25 所示。

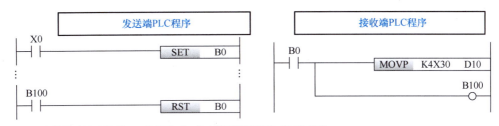

图 7-25　用 SET 和 RST 预留 ON/OFF 信号时间

2）32bit 数据的传送。32bit 数据的传送有三种方式：

方式一：对链接继电器和链接寄存器范围限定。

要传送 32bit 数据时，可通过 "32bit 数据保证"，确保数据不会被分离为上位和下位。对链接继电器 LB 以及链接寄存器 LW 的数据以 32bit 单位进行数据保证。满足如下所示的 4 个条件后，LB、LW 在管理站的 "必须设置" 的 "网络范围分配" 中进行设置时，将自动地进行 32bit 数据保证。

① LB 的起始软元件编号为 20H（32）的倍数。
② LB 的每 1 个站的分配点数为 20H（32）的倍数。
③ LW 的起始软元件编号为 2 的倍数。
④ LW 的每 1 个站的分配点数为 2 的倍数。

通过对满足 32 位数据保证条件的链接软元件进行链接刷新，保证 32 位的数据完整。LB、LW 设置范围如图 7-26 所示。

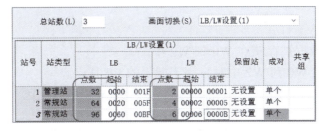

图 7-26　LB、LW 设置范围

方式二：基于站块数据保证设置。

基于站块数据保证设置是在 CPU 模块与 CC-Link IE 控制网络模块之间的链接刷新中，选择以站单位进行 32bit 数据保证，如图 7-27 所示。

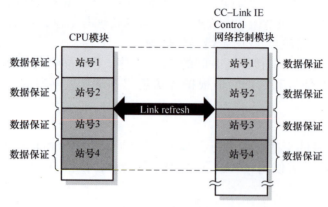

图 7-27　设置站块

注意事项：

① 设置执行以基于站块参数刷新，进行数据保证，在常规站点上不需要设置此项。

② 基于站块的循环数据传送，进行数据保证，如果在中断程序中设置刷新目标的设备，则禁用使用此功能。

方式三：提供带联锁的编程方式。

当没有 32bit 数据保证功能或基于站块数据的情况下处理 32bit 或更多的数据保证功能，新的和旧的数据可能是混合的。

图 7-28 所示为提供带链接继电器 B 的联锁编程。

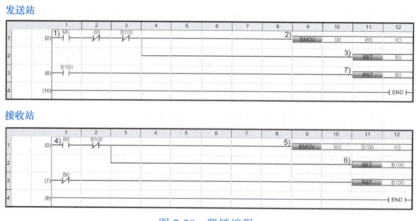

图 7-28　联锁编程

① M0（发送命令）打开。

② D0 到 D2 的数据被存储在 W0 到 W2 中。

③ 当数据存储在 W0 到 W2 中时，用于握手的 B0 开启。

④ 在循环传输中，链路中继（B）在链路寄存器（W）之后发送，接收站的 B0 打开。

⑤ W0 到 W2 的数据被存储在 D100 到 D102 中。

⑥ 当数据存储在 D100 至 D102 中时，用于握手的 B100 开启。

⑦ 当数据已经传输到发送站时，B0 关闭。

3）多字数据的传送。要批量传送 32bit 以上的多字数据时，使用"以站为单位的程序段保证功能"，可确保多字数据不会被分离。

3. 装置 A（站号 1）的 PLC 程序

装置 A（站号 1）的外部输入输出信号见表 7-7。

表 7-7　装置 A（站号 1）外部输入输出信号

输入信号	内容	输出信号	内容
X0	运转准备信号	Y70	装置 A 运转准备完成指示
X1	装置 A 异常	Y71	输出装置 B 运转准备完成输出
X2	装置 A 准备完成信号	Y72	对装置 A 发出运转开始指示（输出运转中信号）
X3	装置 A 准备完成信号	Y73	输出装置 B 运转中信号
X4	装置 B 运转开始信号	Y40～Y4F	输出装置 A 产量
X5	装置 A 产量计数信号	Y50～Y5F	输出装置 B 产量
B100	装置 B 运转准备完成		
B101	装置 B 运转中		
SM1①	装置 A 可编程控制器异常	SM400③	始终 ON 信号
SB20②	装置 A 网络模块状态		

① SM1 为在检测到可编程控制器异常时变为 ON 的特殊继电器。
② SB20 为在网络模块与 CPU 模块间发生通信异常时变为 ON 的链接特殊继电器。
③ SM400 为对应始终 ON 状态触点的特殊继电器。

装置 A（站号 1）的 PLC 程序如图 7-29 所示，黑色方框内的软元件表示通信中正在使用的软元件。

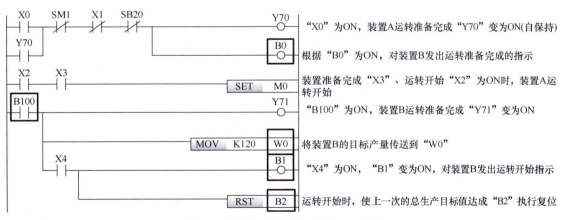

图 7-29　装置 A（站号 1）的 PLC 程序

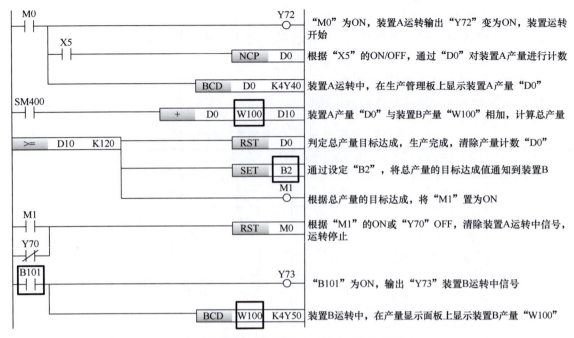

图 7-29　装置 A（站号 1）的 PLC 程序（续）

4. 装置 B（站号 2）的 PLC 程序

装置 B（站号 2）的外部输入信号见表 7-8。

表 7-8　装置 B（站号 2）外部输入信号

输入信号	内容
X0	装置 B 异常
X1	装置 B 准备完成信号
X2	装置 B 单独起动
X3	装置 B 产量计数信号
B0	装置 A 向装置 B 发出运转准备信号
B1	装置 A 向装置 B 发出运转开始指示
B2	装置 A 发出总生产达成信号
SM1	装置 B 可编程控制器异常
SB20	装置 B 网络模块状态

装置 B（站号 2）的 PLC 程序如图 7-30 所示，黑色方框内的软元件表示通信中正在使用的软元件。

项目 7　CC-Link IE Control 通信应用

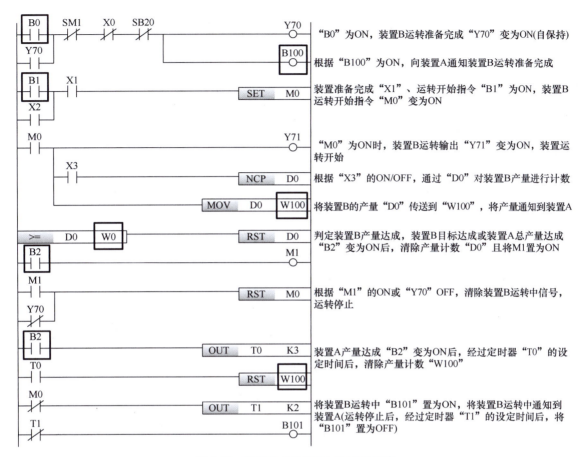

图 7-30　装置 B（站号 2）的 PLC 程序

7.4.3　动作确认

用触摸屏制作演示系统，示例动作模拟如图 7-31 所示。

1）按【X0】按钮，装置 A、B 进入运转准备完成状态。
2）按【X2】按钮，装置 A 开始运转，在生产状况中显示产量计数值。
3）按【X4】按钮，与 2）相同，装置 B 开始运转，生产状况中显示产量计数值。
4）装置 A、B 的总产量达到 120 个后，运转结束。
5）按【初始状态】按钮，返回运转前的状态。

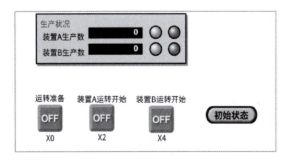

图 7-31　触摸屏演示

按各装置的"梯形图监视"，通过 GX Works3→【在线】→【监视】→【监视（写入模式）}，可确认程序的动作。监视过程如图 7-32 所示。

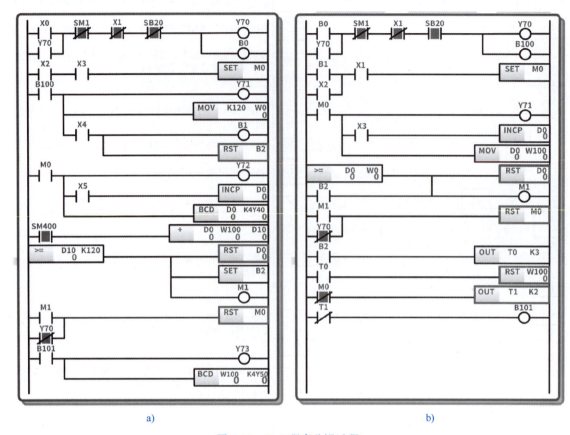

图 7-32　PLC 程序监视过程

7.4.4　故障诊断

1. 故障诊断步骤

启动时，网络不正常运行时的初步诊断处理步骤如图 7-33 所示。

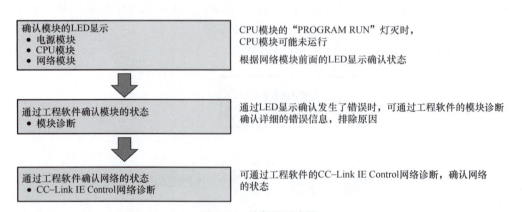

图 7-33　诊断处理步骤

2. 网络模块 LED 显示状态

认为网络未正常运行时，即使手边没有工程软件可用，也可通过模块前面的 LED 确认信息，如图 7-34 所示。

RUN	灯亮	正常运行中
	灯灭	硬件异常
ERR	灯亮、闪烁	发生了异常
	灯灭	正常运行中
PRM	灯亮	作为管理站运行中
	灯灭	作为常规站运行中
D LINK	灯亮	数据链接中(循环传送中)
	忽亮忽灭	数据链接中(循环传送停止中)
	灯灭	数据链接未实施(脱离中)
SD/RD	绿灯亮	数据送接收中
	灯灭	数据未发送及未接收
L ERR	灯亮	线路异常(电缆断线等)
	灯灭	线路正常

☐ ：未正常进行通信时的LED显示状态

图 7-34　网络模块 LED 显示状态确认

3. 工程软件诊断

手边有工程软件时，通过诊断菜单的系统监视执行【模块诊断】，显示模块的错误编码、错误内容及处理方法，如图 7-35 所示。

模块诊断画面

图 7-35　执行"模块诊断"

执行 CC-Link IE Control 网络诊断，像实际的网络配线一样显示网络的状态，可迅速找到异常位置，缩短处理问题的时间。通过 GX Works3 的菜单打开【诊断】→【CC-Link IE Control 诊断（光缆）】，如图 7-36 所示。

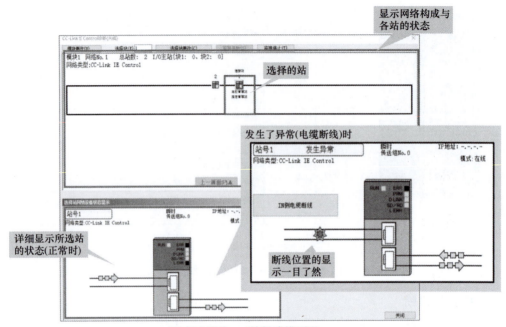

CC-Link IE Control诊断(光缆)画面

图 7-36　网络诊断查找异常位置

7.4.5　其他站程序的监视

经由 CC-Link IE Control 网络可访问其他站，并进行程序传送、监视等。如图 7-37 所示，通过连接到装置 A 的可编程控制器的计算机远程访问装置 B 的可编程控制器，查看远距离控制柜中的 CPU 模块的状况，所以不需要亲自走到对象 CPU 模块所在的控制柜位置即可进行处理。

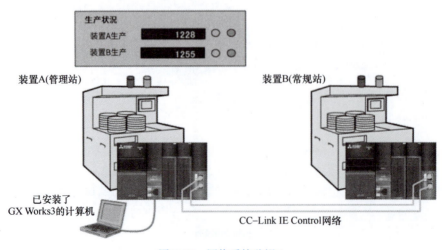

图 7-37　网络系统监视 1

项目 7　CC-Link IE Control 通信应用

1. 监视其他站的操作步骤

为了访问其他对象站，需通过 GX Works3 的【连接目标设置】经由 CC-Link IE Control 网络进行连接。监视其他站的步骤如图 7-38 所示。

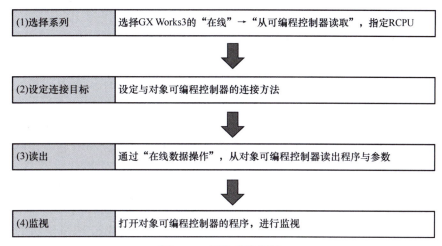

图 7-38　网络系统监视 2

2. 连接装置 B 的设置

使用连接到装置 A（站号 1）的 GX Works3，设置经由网络连接到装置 B（站号 2）的连接目标设置界面如图 7-39 所示。

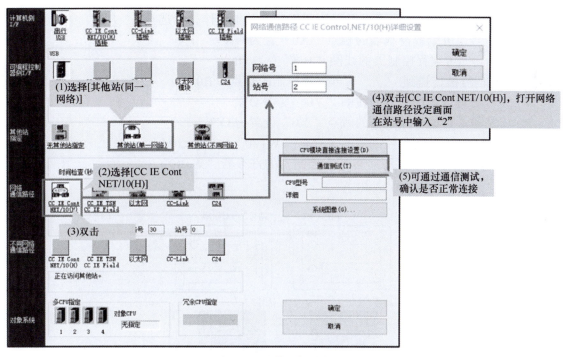

图 7-39　连接目标设置界面

本项目小结

1. 工业网络采用 CC-Link IE Control 控制网络可在每台生产设备的可编程控制器间共享控制信息，使负载分散到每台可编程控制器。当一台可编程控制器发生故障时，不会波及整体。

2. 可编程控制器内链接软元件分为链接继电器 B 和链接寄存器 W。B 为位软元件，W 为字软元件。网络模块内部的链接软元件则称为 LB 和 LW。

3. CC-Link IE Control 控制网络主要使用循环传送。在循环传送中，某一站分配作为发送区域的链接软元件区域在其他站对应为接收区域。

4. 1 个 CC-Link IE Control 控制网络由 1 个管理站和多个常规站构成。

5. CC-Link IE Control 控制网络的传送延迟时间由发送接收的可编程控制器扫描时间和链接扫描时间构成。

6. CC-Link IE Control 控制网络内所有网络模块都需要进行站类别、网络号、站号、刷新的设置。除了上述设置以外，对管理站还需要分配网络范围。

7. 根据网络模块的 LED 亮灯状态，确认 CC-Link IE Control 网络模块的运行。网络未正常运行时，还可通过工程软件的模块诊断、网络诊断，确认异常内容。

8. 要传送到对象站的信号和数值数据被设置到自站发送区域的链接软元件，在自站接收区域（对象站的发送区域）的链接软元件确认来自对象站的信号和数值数据。

测 试

1. 根据图 7-40，以下关于可编程控制程序的基本动作，请选择：
1）将站号 1 可编程控制器的触点 "X0" 置为 ON。
2）_____ 可编程控制器的线圈 "B0" 变为 ON。
3）ON 信号被传送到 _____ 可编程控制的触点 "B0"。
4）站号 2 可编程控制器的线圈 "Y0" 变为 ON。
5）将站号 2 可编程控制器的触点 "X0" 设置为 ON。
6）在 _____ 可编程控制器的寄存器 "W100" 中保存 20。
7）20 将被传送到 _____ 可编程控制器的寄存器 "W100"。
A. 站号 1　　　B. 站号 2

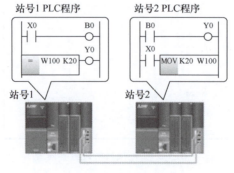

图 7-40　测试题 1 图

2. 以下是关于 CC-Link IE Control 控制网络的链接软元件名称、网络信息被传送到本地软元件的说明，请完成以下填空。PLC 程序中使用的 CPU 模块的链接软元件中，将位软元件称为（　　），符号使用（　　）。PLC 程序中使用的 CPU 模块的链接软元件中，将处理 16bit 数据的字软元件称为（　　），符号使用（　　）。CPU 模块的链接软元件（B/W）通过（　　），在网络模块端的链接软元件的位软元件（　　）、字软元件（　　）之间进行数据。

  A. 链接继电器　　B. 链接寄存器　　C. 链接刷新　　D. LB
  E. B　　　　　　F. LW　　　　　G. W

3. 关于发送区域和接收区域的关系，按图 7-41 所示设置发送区域时，请选择各区域的种类。

  Q1 对应内容为（　　）。
  Q2 对应内容为（　　）。
  Q3 对应内容为（　　）。
  Q4 对应内容为（　　）。
  Q5 对应内容为（　　）。
  A. 发送区域　　　B. 接收区域　　　C. 未使用区域

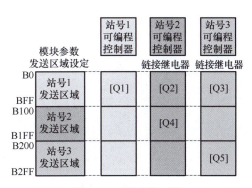

图 7-41　测试题 3 图

4. 以下关于循环传送的表述，正确的是（　　）。(多选)
  A. 数据通信时不需要使用程序
  B. 周期性并且自动地发送和接收模块参数所指定区域的数据
  C. 仅在网络内可编程控制器间有通信请求时进行数据通信
  D. 数据通信时需通过专用命令使用程序
  E. 只按照模块参数的设置自动进行通信

5. 以下关于瞬时传送的表述，正确的是（　　）。(多选)
  A. 数据通信时不需要使用程序
  B. 周期性并且自动地发送和接收模块参数所指定区域的数据
  C. 仅在网络内可编程控制器间有通信请求时进行数据通信
  D. 数据通信时需通过专用命令使用程序
  E. 只按照模块参数的设置自动进行通信

6. 以下关于 CC-Link IE Control 控制网络的网络构成的说明中，请完成填空。
CC-Link IE Control 控制网络中，对每个网络设置（　　），以便于管理。对连接到同一网络的所有网络模块设置（　　），以便于识别。其中，必须设置使用 1 台（　　），剩余的可编程控制器设置为（　　）。

　　A. 站号　　　　B. 普通站　　　C. 管理站
　　D. 网络号　　　E. 组号

7. 根据图 7-42，以下关于光纤电缆连接顺序的问题，从站号 1 开始依次连接到站号 3，构成双重环路系统。请为各电缆端（1、2、3）选择最适合的连接目标。

　　Q1 对应的网络端口为（　　）。
　　Q2 对应的网络端口为（　　）。
　　Q3 对应的网络端口为（　　）。

8. 根据图 7-43，以下是关于网络模块 LED 显示的问题。当前通信正常时，站号 1、2 的 LED 显示状态应为 A、B、C、D、E 中哪一种？

　　站号 1（管理站）网络模块 LED 显示状态选择（　　）。

　　站号 2（普通站）网络模块 LED 显示状态选择（　　）。

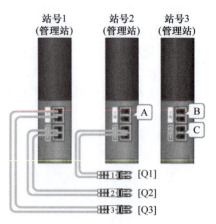

图 7-42　测试题 7 图

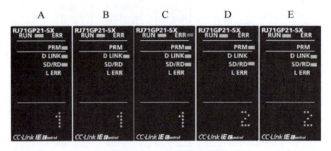

图 7-43　测试题 8 图

9. 如图 7-44 所示，在 PLC 程序的互锁中，组合使用 CPU 模块的状态信号、装置的状态信号、网络的状态信号。请问 CPU 模块的状态信号对应的特殊继电器为（　　），网络状态信号对应 CC-Link IE Control 网络的链接特殊继电器为（　　）。

　　A. SM　　　　　B. SB

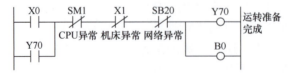

图 7-44　测试题 9 图

10. 以下关于 CC-Link IE Control 网络的诊断功能的说明中，请选择正确的项目。（　　）

　　A. 在工程软件的界面上，可像实际的配线一样，一目了然地显示网络的异常部位、异常内容

　　B. 没有工程软件就不能确认网络的状态

11. RJ71GP21-SX 的循环通信传送是一种可以定期自动接收和发送预先由模块参数或程序指定的数据区域的通信方式，请对此阐述做出判断。（　　）

　　A. 正确　　　　　　B. 错误

12. RJ71GP21-SX 通过双绞线电缆连接时，站间电缆距离是 100m，请对此阐述做出判断。（　　）

　　A. 正确　　　　　　B. 错误

13. RJ71GP21-SX 网络通信异常时，模块面板上的 D Link 及 L ERR 指示灯会亮，请对此阐述做出判断。（　　）

　　A. 正确　　　　　　B. 错误

14. RJ71GP21-SX 网络通信时，如果链接继电器等的 ON/OFF 时间太短，导致对象站因传送延迟而无法接收，可使用"SET""RST"命令，预留 ON/OFF 的时间，请对此阐述做出判断。（　　）

　　A. 正确　　　　　　B. 错误

15. RJ71GP21-SX 要批量传送 32bit 以上的多字数据时，使用"32bit 数据保证"，可确保多字数据不会被分离，请对此阐述做出判断。（　　）

　　A. 正确　　　　　　B. 错误

16. （　　）属于 RJ71GP21-SX 模块的内部软元件。（多选）

　　A. LB　　　　B. LY　　　　C. B　　　　D. W

　　E. SB　　　　F. SW

17. CC-Link IE Control 网络传送延迟时间与（　　）有关。（多选）

　　A. 接收端顺序扫描时间　　　　B. 发送端顺序扫描时间

　　C. 链接扫描时间　　　　　　　D. 主站顺序扫描时间

18. RJ71GP21-SX 模块作为常规站时，在 GX Works3 软件的"必须设置"里，需要设置（　　）。（多选）

　　A. 站类型设置　　　　　　　　B. 网络号设置

　　C. 站号设置　　　　　　　　　D. 网络范围分配

19. RJ71GP21-SX 模块可以通过 CC-Link IE Control 网络诊断确认以下内容：（　　）。（多选）

　　A. 网络构成和各站的状态　　　B. 电缆断线的位置

　　C. 可编程控制器的具体报警代码　　D. RJ71GP21-SX 模块具体报警代码

20. CC-Link IE Control 同一网络中，站号 1 的模块要经由网络连接到站号 2 的模块，需要在 GX Works3 的"连接目标设置"中设置：（　　）。（多选）

　　A. "网络通信路径"中双击设置"CC IE Cont NET/10（H）"，设置 1 号站的网络号及站号

　　B. "计算机侧 I/F"双击设置计算侧的通信方式

　　C. "其他站指定"中双击设置"其他站（单一网络）"

　　D. "不同网络通信路径"中双击设置"CC IE Cont NET/10（H）"

项目 8
CC-Link IE TSN 通信应用

项目引入

如何简化工业网络实现工厂整体的无缝信息连接,提高生产力,实现维护和运营成本的削减,这需要有一个高速且大容量的网络,该网络要能够在进行生产设备和预防性维护数据等信息通信的同时,还能够进行高实时性的控制通信。CC-Link IE TSN 网络的出现,通过时间同步方式和时间分割方式,与以太网技术相结合,可在同一网络中实现以往的以太网所不能实现的控制通信(实时性)和信息通信(非实时性)的并存。本项目带领大家认知 CC-Link IE TSN 网络的工业地位和特点,根据需求进行网络拓扑结构设计,选用合适的设备搭建主站与本地站或者主站与远程站的通信系统,学会通信对象设置、配线、网络配置、软元件刷新范围设置、程序编写,实施 CC-Link IE TSN 网络的通信和诊断。

任务 8.1 认识 CC-Link IE TSN 网络

任务描述

CC-Link IE TSN 是开放式整合网络,重新定义了通信协议,可使工业生产现场和信息系统通信并存。本学习任务,带着大家了解 CC-Link IE TS 网络在工业网络中的地位、特点,知道该通信协议将会用在哪些工业场景。

知识学习

8.1.1 CC-Link IE TSN 网络地位

CC-Link IE TSN 是使用了以太网(1000BASE-T)的高速(1Gbit/s)且大容量的开放式现场网络,其中的 IE 是 Industrial Ethernet 的简称,意为工业用以太网;TSN 是 Time Sensitive Networking(时间敏感网络)的简称。CC-Link IE 包括 CC-Link IE TSN、CC-Link IE Control、CC-Link IE Field 和 CC-Link IE Field Basic。该网络能使标准的以太网实现实时通信的扩展。CC-Link IE TSN 可以同时使用循环传输和瞬态传输。

CC-Link IE TSN 涵盖了传统的控制系统网络(控制器网络、现场网络)、信息系统网络(以太网)和驱动系统网络(运动控制网络)的功能,是一种无论系统大小都可以使用的 FA 网络,如图 8-1 所示。

项目 8　CC-Link IE TSN 通信应用

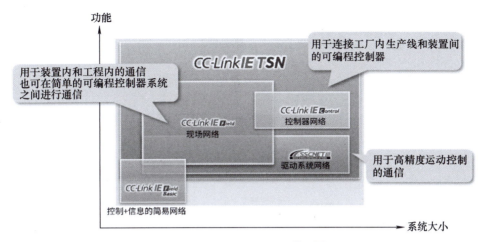

图 8-1　CC-Link IE TSN 网络覆盖面

8.1.2　CC-Link IE TSN 网络的特点

CC-Link IE TSN 网络的特点如下：

1）能满足连接整个工厂高速网络的要求。近年来随着 IIoT 化的发展趋势，生产现场有越来越多的设备连接网络，通过网络处理的信息量也越来越大。为此，要求所使用的网络具有高速、大容量的特点，以使大量的信息能够实时共享。

如图 8-2 所示，使用 CC-Link IE TSN 时连接到网络的设备可以同时接收和发送数据，因此可以缩短通信周期，实现比传统 FA 网络更高速的控制。特别是在需要高速处理的运动控制中，可发挥很好的作用。

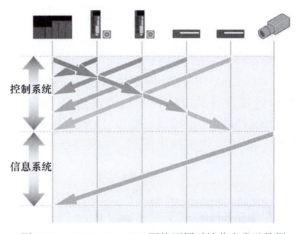

图 8-2　CC-Link IE TSN 网络可同时接收和发送数据

2）能通过 CC-Link IE TSN 整合网络。在传统的 FA 网络中，需要分别构建控制系统、信息系统和驱动系统。因此，有多个系统的设备时，必须为每个对应的网络设计系统，并铺设多种类型的电缆。要扩展设备时，如果设备附近没有网络，则需要从远处延长配线。配线有 3 根，配线耗时且复杂。因此，如果要在不同的网络之间传输数据，就必须编写在网络模块间传输数据的程序，或设置参数。

而使用 CC-Link IE TSN，则可以将它们集中于一个网络中，如图 8-3 所示，只需进行一个网络的配线。而且只需使用一个网络模块，所以也不需要在网络模块间传输数据的程序或参数。

3）能划分带宽保持信息和控制系统通信的准确性。在以往的控制网络中，如果与信息通信混杂，则无法保持控制通信的准时性，因此在物理上将网络分离开来。如图 8-4 所示，以不同种类汽车行驶在一条道路上不能定时行驶做类比，采用 CC-Link IE TSN 网络可通过划分控制和信息系统的通信带宽，保持控制通信的准时性。

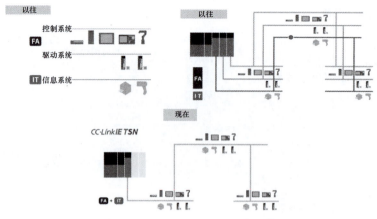

图 8-3　CC-Link IE TSN 整合网络

图 8-4　CC-Link IE TSN 划分通信带宽

CC-Link IE TSN 网络准确的时间同步，有助于找出造成问题的原因。CC-Link IE TSN 连接设备的时间同步精度高达 ±1μs，时间戳以 1ms 为单位。通过时间戳，可按照准确的时间顺序跟踪设备中发生的事件和日志，因此即使是在短时间内发生的问题连锁反应，也可以快速找出原因，如图 8-5 所示。

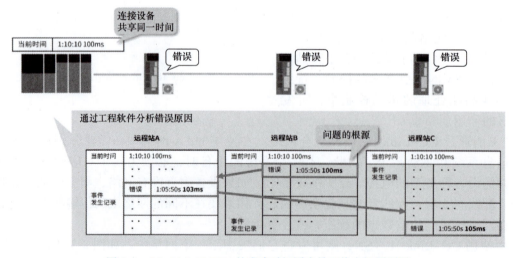

图 8-5　CC-Link IE TSN 的准确时间同步易于找出问题原因

4）能使用以太网监视软件集中管理网络。CC-Link IE TSN 支持以太网监视用协议 SNMP（Simple Network Management Protocol，简单网络管理协议）。通过使用支持 SNMP 的以太网监视软件，可以集中管理信息设备和支持 CC-Link IE TSN 的 FA 设备。可以集中监视服务器、交换式集线器等的信息设备和 FA 设备的状态，因此即使在网络内发生问题，也可以很容易地找出原因并缩短恢复时间。可使用一般的以太网监视软件，如图 8-6 所示。

项目 8　CC-Link IE TSN 通信应用

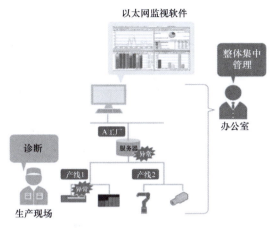

图 8-6　用通用以太网监视软件

◀◀ 任务 8.2　CC-Link IE TSN 网络设置 ▶▶▶

任务描述

在实现 CC-Link IE TSN 网通信之前，要了解站的类别和功能，能区分主站、本地站和远程站各自的定义范围，了解这些站应使用哪些设备，采用哪种类型的网络拓扑结构，明确搭建该类网络需要对通信对象进行哪些必要的设置。

知识学习

8.2.1　站的类别和功能

下面对构成 CC-Link IE TSN 的站的类别及功能进行说明。CC-Link IE TSN 网络由 1 台主站和 1 台以上的从站构成。

（1）主站　控制整个网络的站，具有网络整体的设置，可以与所有的站进行数据的接收和发送。

（2）从站　由主站控制的站的总称。主站与各类从站的关系如图 8-7 所示。

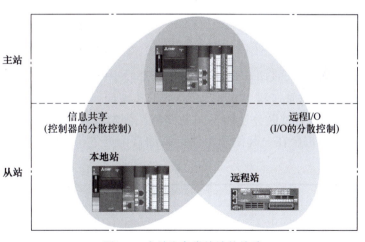

图 8-7　主站和各类从站的关系

（3）本地站　与主站及其他本地站共享信息的站，可以自主控制，用于控制器的分散控制。

（4）远程站　进行 I/O 分散配置的站，由主站进行控制。

8.2.2 可使用的设备

可以连接 CC-Link IE TSN 的设备见表 8-1。

表 8-1 可以连接 CC-Link IE TSN 的设备

站类别		设备的种类	
主站	主站/本地站模块		RJ71GN11-T2 RJ71GN11-EIP FX5-CCLGN-MS
	运动控制模块		RD78G RD78GH FX5-□SSC-G
从站	本地站	将与主站相同的模块用作本地站	
	远程站	远程模块	
		触摸屏（GOT） 变频器 伺服驱动器等	

8.2.3 网络拓扑结构

决定要使用的站类别后，需要设计网络拓扑结构。CC-Link IE TSN 的网络拓扑结构支持线形连接、星形连接、环形连接，以及线形连接与星形连接的混合型连接，见表 8-2。通过区分使用不同的网络拓扑结构，可以灵活应对现场的布局变更，如将总线型与星形混合在一起使用，以更高的自由度进行配线。

表 8-2 CC-Link IE TSN 网络拓扑结构

网络拓扑结构		特点
线形	模块间直线状连接	可用最少的配线连接线形
星形	经由 TSN HUB 交换式集线器连接各模块	可扩展性高 易于添加设备

（续）

网络拓扑结构		特点
环形	整个网络形成一个环形	可靠性高
混合型	以线形连接与星形连接混合连接	高自由度

8.2.4 通信对象设置

对于 I/O 分散控制系统，对通信对象所需的设置进行说明。大致分为 3 个设置，见表 8-3。

表 8-3 通信对象设置

站类别	主站	远程站（输入）	远程站（输出）
IP 地址	192.168.3.253（初始值）	192.168.3.1	192.168.3.2
网络构成设置	RJ71GN11-T2	NZ2GN2S1-32D	NZ2GN2S1-32T
刷新设置	CPU 模块的软元件 X：64 点、Y：64 点 W：16 点	链接软元件 RX/RY：32 点 RWr/RWw：8 点	链接软元件 RX/RY：32 点 RWr/RWw：8 点

1）通信对象设备的设置。
站类别：设置站的功能。
IP 地址：设置末尾的数值以防止被网络覆盖。
2）网络构成设置。主、从站的构成以及对站分配所用链接软元件的设置。
3）刷新设置。CPU 模块装置与链接软元件相对应的设置。

任务 8.3 CC-Link IE TSN 网络主站和远程站通信

任务描述

建立主站和远程站系统，启动后系统的动作如下：①远程站（输入）的开关设为

ON 后，主站的 LED 亮灯；②主站的开关设为 ON 后，远程站（输出）的 LED 亮灯，如图 8-8 所示。通过此案例，带着大家学习在循环传送方式下，如何实现 CC-Link IE TSN 通信主站和远程站的配线、模块配置、启动设置、IP 地址设置、网络配置设置、刷新设置以及程序编写，最后进行网络连接状态确认，如果出现故障还要学会如何进行故障诊断。

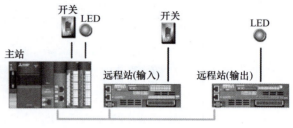

图 8-8　主站和远程站系统

技能学习

8.3.1　主站和远程站启动设置

主站的模块构成如图 8-9 所示。

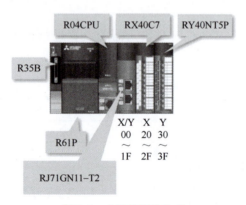

图 8-9　主站的模块构成

表 8-4 中对主站和远程站系统的"启动所需的设置"进行说明。

表 8-4　主站和远程站系统启动设置

站类别	主站	远程站（输入）	远程站（输出）
IP 地址	192.168.3.253（初始值）	192.168.3.1	192.168.3.2
网络构成设置	RJ71GN11-T2	NZ2GN2S1-32D	NZ2GN2S1-32T
刷新设置	CPU 模块的软元件 X：64 点 1000～103F Y：64 点 1000～103F	链接软元件 RX：32 点 0000～001F RY：32 点 0000～001F	链接软元件 RX：32 点 0020～003F RY：32 点 0020～003F

8.3.2　主站和远程站配线

如图 8-10 所示，CC-Link IE TSN 网络模块具有 P1、P2 两个连接端口，无论将电缆

项目 8　CC-Link IE TSN 通信应用

连接到哪一个端口，动作都相同。但如果制定"从 P1 连接到 P2"等规则，则可以有效地进行电缆的铺设及铺设后的配线检查等。

图 8-10　主站和远程站配线

8.3.3　远程站 IP 地址设置

通过模块正面的旋转开关设置远程模块的 IP 地址。按照 IP 地址末尾的数值，切换右侧的旋转开关（IP/STATION 开关 ×1），如图 8-11 所示。

站类别	主站	远程站(输入)	远程站(输出)
IP 地址	192.168.3.253	192.168.3.1	192.168.3.2

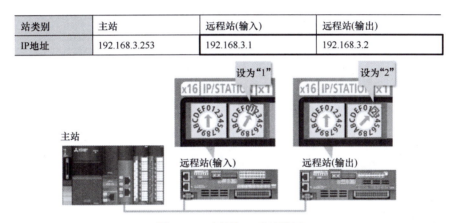

图 8-11　远程站 IP 地址设置

8.3.4　模块配置

使用工程软件 GX Works3 配置模块，如图 8-12 所示，在 CPU 模块旁边，配置符合所使用网络类型的模块部件。由于本项目使用 CC-Link IE TSN，因此从网络模块中选择【RJ71GN11-T2】。如果身边有实机，请从 GX Works3 的【在线】菜单执行【从可编程控制器读取】，在模块构成图中反映实际构成。

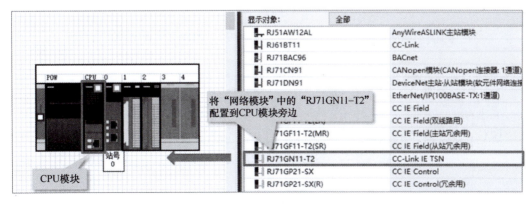

图 8-12　模块的配置

8.3.5 网络配置设置

设置连接到网络的站的构成。从模块参数设置界面中选择【基本设置】→【网络配置设置】的"＜详细设置＞",打开【CC-Link IE TSN 构成】界面。从模块一览中选择要连接到从站的模块,并将其拖放到界面上,即可配置从站,如图 8-13 所示。

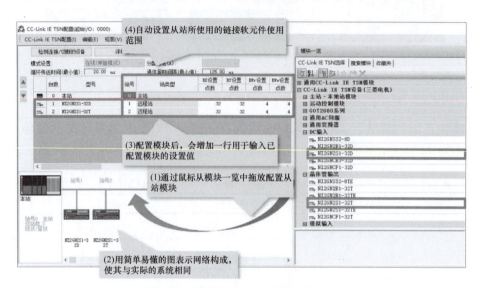

图 8-13　主站和远程站系统网络配置

如果模块一览中没有要使用的设备,请从 FA 网站的下载页面下载模块的配置文件,将其录入 GX Works3 后,再执行本操作。

8.3.6 刷新设置

设置 CPU 模块的软元件和链接软元件的分配,以决定通过链接刷新传输数据的软元件范围,如图 8-14 所示。以下使用循环传输说明每个站的链接软元件的分配范围。

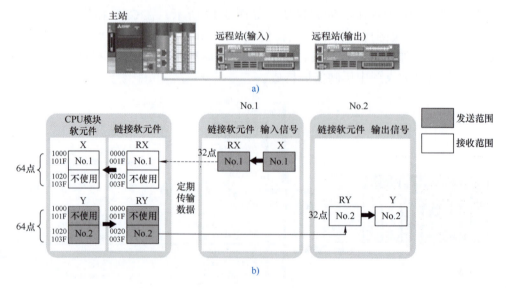

图 8-14　刷新范围

刷新设置	CPU模块的软元件 X: 64点 1000~103F Y: 64点 1000~103F	链接软元件 RX: 32点 0000~001F RY: 32点 0000~001F	链接软元件 RX: 32点 0020~003F RY: 32点 0020~003F

c)

图8-14 刷新范围（续）

从模块参数设置界面中选择【基本设置】→【刷新设置】的"＜详细设置＞"，打开刷新设置，输入软元件的使用范围，如图8-15所示。

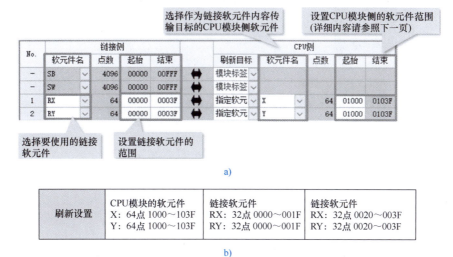

a)

刷新设置	CPU模块的软元件 X: 64点 1000~103F Y: 64点 1000~103F	链接软元件 RX: 32点 0000~001F RY: 32点 0000~001F	链接软元件 RX: 32点 0020~003F RY: 32点 0020~003F

b)

图8-15 输入软元件的使用范围

CPU模块搭载设备软元件区域范围根据CPU模块的规格决定：
1）输入输出点数范围：指安装在基板上的基本模块可使用点数范围。
2）输入输出设备点数范围：指含有网络的可用设备可使用点数范围。
例如对于MELSEC iQ-R系列的CPU模块，规格规定如下：
1）输入输出点数：X/Y为0000～FFFH（本体I/O 4096点）。
2）输入输出设备点数：X/Y为0000～2FFFH（网络扩展I/O 12288点）。
因此，将不与基本模块冲突的1000～2FFFH的部分区域分配用于链接软元件的刷新，如图8-16所示。

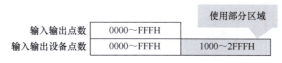

图8-16 CPU与搭载模块区域范围说明

注意事项：
1）由于案例中说明的系统不使用字软元件，因此未设置远程寄存器W。
2）模块参数的设置到此完成，在设置完成后请务必将参数写入CPU模块。
3）在刷新设置中，对于CPU模块，分配到CPU模块的软元件范围从1000开始分配，如图8-17所示。这是因为编号

图8-17 CPU侧的软元件范围

小于 1000 的软元件可能已被用于基本模块上的其他模块。

8.3.7 连接确认

当网络正常运行时，模块正面的数据链接 LED 亮灯状态如图 8-18 所示。LED 不亮时，要通过网络诊断确认状态。

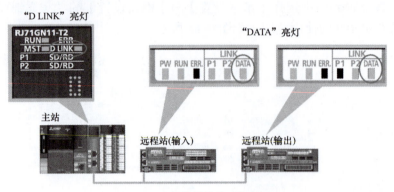

图 8-18 网络模块指示灯状态

8.3.8 程序和动作确认

远程 I/O 控制程序如图 8-19 所示。

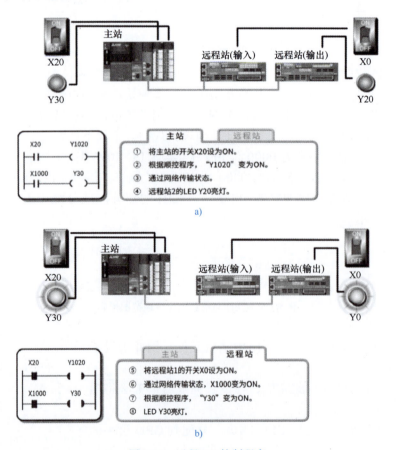

图 8-19 远程 I/O 控制程序

请操作图 8-20 所示的开关，查看图 8-20 所示程序的数据传输情况。从 CPU 模块到远程模块的输入输出，就像安装在基板上的输入输出一样。分配到远程站的 I/O 会自动不断更新（刷新）并传输。

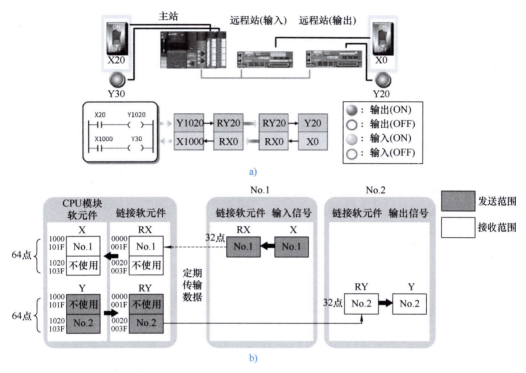

图 8-20 主站与远程站之间的数据传输

8.3.9 网络诊断

认为网络运行不正常时，可通过工程软件的诊断菜单执行"CC-Link IE TSN/CC-Link IE Field 诊断"，如图 8-21 所示。CC-Link IE TSN 诊断可以显示与实际的网络配线相同的网络状态，因此可以快速确定异常部位，缩短问题处理所需的时间。

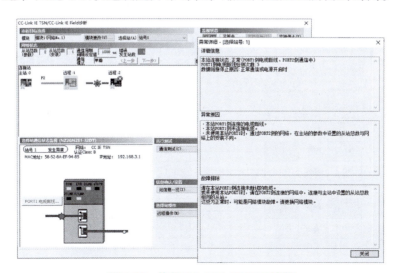

图 8-21 执行 CC-Link IE TSN 诊断

任务 8.4　CC-Link IE TSN 网络主站和本地站通信

🔍 任务描述

建立主站和本地站系统，实现控制器的分布控制，如图 8-22 所示，通过操作自站的开关让目标站的 LED 动作和显示数字。通过此案例，带着大家学习在循环传送方式下，如何实现 CC-Link IE TSN 通信主站和本地站的配线、模块配置、启动设置、IP 地址设置、网络配置设置、刷新设置以及程序编写，最后进行网络连接状态确认，如果出现故障还要学会如何进行故障诊断。

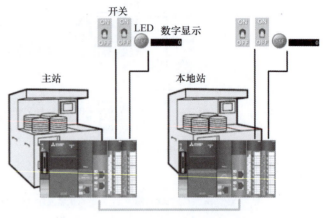

图 8-22　主站和本地站分布控制系统

📝 技能学习

8.4.1　循环传输的数据更新

以下对构建系统之前对 PLC 与 PLC 间网络中循环传输的数据更新进行说明。在主站和远程系统网络中使用链接软元件 RX、RY（位）和 RWr、RWw（字）。PLC 与 PLC 间网络中使用链接软元件 LB（位）和 LW（字）。LB、LW，RX、RY、RWr、RWw 都是通过定期互相传输数据进行更新，但两者有以下区别：

RX、RY 和 RWr、RWw 有输入输出，但 LB 和 LW 是使用 1 个软元件进行输入输出（划分各站的范围，共享信息）。RX、RY 和 RWr、RWw 在 CPU 模块侧和远程 I/O 侧调换输入输出，但 LB、LW 不调换，如图 8-23 所示。

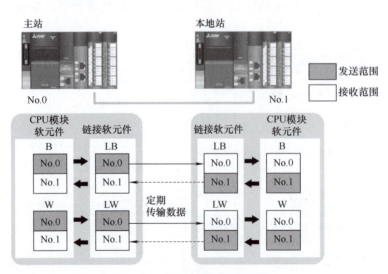

图 8-23　循环传输的数据更新

8.4.2 启动设置

要构建的主站和本地站系统见表8-5,对主站和本地站系统的"启动设置"进行说明。

表 8-5 主站和本地站系统启动设置

站类别	主站	本地站
IP 地址	192.168.3.253	192.168.3.1
网络构成设置	主站 RJ71GN11-T2	本地站 RJ71GN11-T2
刷新设置	CPU 模块的软元件 B:512 点 0000～01FF W:512 点 0000～01FF	链接软元件 LB:512 点 0000～01FF LW:512 点 0000～01FF

主站和本地站相同的模块构成如图8-24所示。

8.4.3 主站和本地站配线

如图8-25所示,CC-Link IE TSN 网络模块具有P1、P2两个连接端口,无论将电缆连接到哪一个端口,动作都相同。但如果制定"从P1连接到P2"等规则,则可以有效地进行电缆的铺设及铺设后的配线检查等。

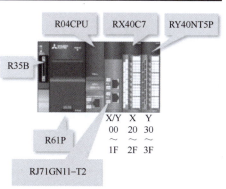

图 8-24 主站和本地站相同的模块构成

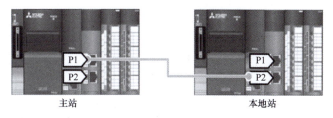

图 8-25 主站和本地站配线

8.4.4 模块配置

使用工程软件 GX Works3 配置模块,如图8-26所示,在CPU模块旁边,配置符合所使用网络类型的模块部件。由于本项目使用 CC-Link IE TSN,因此从网络模块中选择"RJ71GN11-T2"。如果身边有实机,请从 GX Works3 的【在线】菜单执行【从可编程控制器读取】,在模块构成图中反映实机构成。

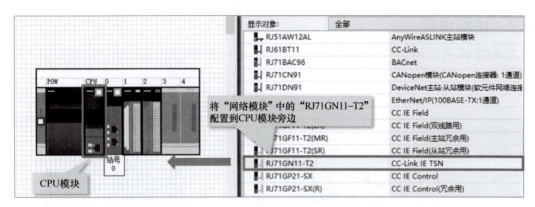

图 8-26 模块的配置

8.4.5 站类型和 IP 地址设置

对主站和本地站都设置 CC-Link IE TSN 模块的站类型和 IP 地址。通过导航窗口中的【参数】→【模块信息】→【0000：RJ71GN11-T2】→【模块参数】菜单打开模块参数设置界面，设置项目一览的【必须设置】。所设置的站类型和 IP 地址如图 8-27 所示。

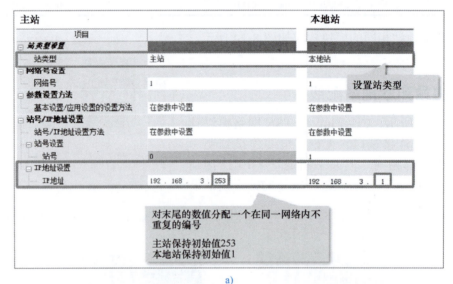

a)

站类型	主站	本地站
IP地址	192.168.3.253	192.168.3.1

b)

图 8-27 主站和本地站站类型和 IP 地址设置

8.4.6 网络配置设置

设置连接到网络的站的构成。从模块参数设置界面中选择【基本设置】→【网络配置设置】的"＜详细设置＞"，打开【CC-Link IE TSN 构成】界面。从模块一览中选择要连接到从站的模块，并将其拖放到界面上，即可配置本地站，如图 8-28 所示。

项目 8　CC-Link IE TSN 通信应用

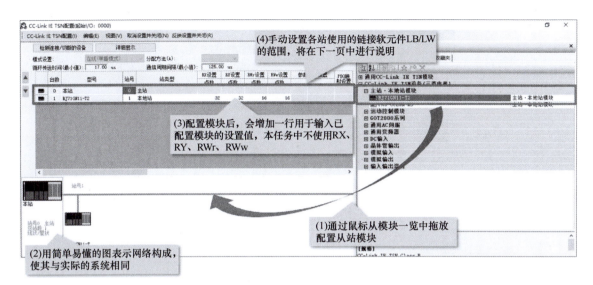

图 8-28　主站和本地站系统网络配置

详细设置如图 8-29 所示，会显示 LB 和 LW 的输入栏，未使用 RX、RY、RWw、RWr。

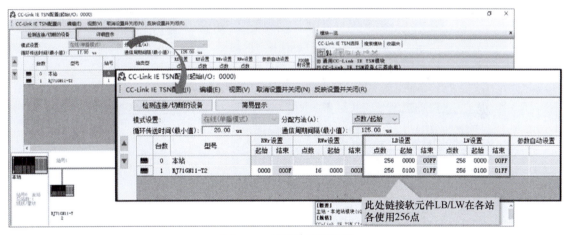

图 8-29　链接软元件设置

8.4.7　刷新设置

链接刷新设置决定了数据传输设备的范围，图 8-30 所示为 CPU 模块装置和网络模块装置的链接继电器 B、链接寄存器 W 和链接软元件 LB、LW 的分配，使用循环传输方式。

从模块参数设置界面中选择【基本设置】→【刷新设置】的"＜详细设置＞"，打开刷新设置，输入软元件的使用范围，如图 8-31 所示。

模块参数的设置到此完成，在设置完成后请务必将参数写入 CPU 模块。

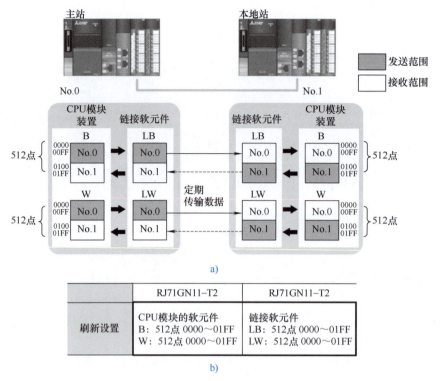

图 8-30 链接继电器、链接寄存器与链接软元件的分配

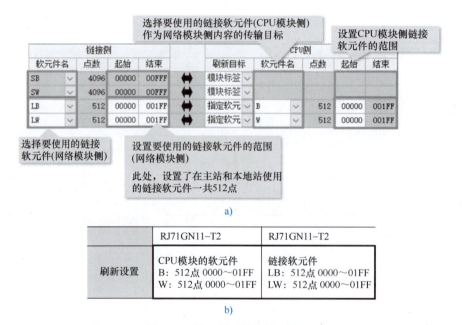

图 8-31 输入软元件的使用范围

8.4.8 连接确认

当网络正常运行时，模块正面的数据链接 LED 亮灯状态如图 8-32 所示。LED 不亮时，要通过网络诊断确认状态。

8.4.9 程序和动作确认

控制器间通信的程序如图 8-33 所示，操作开关，确认动作。

1）每次将主站的开关 X28 设为 ON，则对 W0 加 20，同时本地站的 W0 值变为相同值。

2）主站的开关 X20 设为 ON/OFF，则线圈 B0 变为 ON/OFF，同时本地站的触点 B0 变为 ON/OFF。

3）根据本地站的 B0 的 ON/OFF，线圈 Y31 变为 ON/OFF。当 Y31 为 ON 时，W0 的值被传输到 D10。

4）根据本地站的开关 X29 的 ON/OFF，上述 D10 的值被传输到 W100。

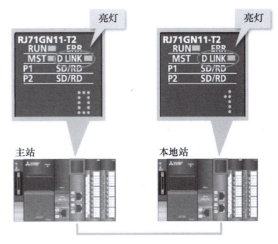

图 8-32 网络模块指示灯状态

5）根据本地站的开关 X21 的 ON/OFF，线圈 B100 变为 ON/OFF，同时，主站的触点 B100 变为 ON/OFF。根据主站的触点 B100 的 ON/OFF，线圈 Y30 变为 ON/OFF。

6）主站的 Y30 为 ON 时，W100 的值被传输到 D0。

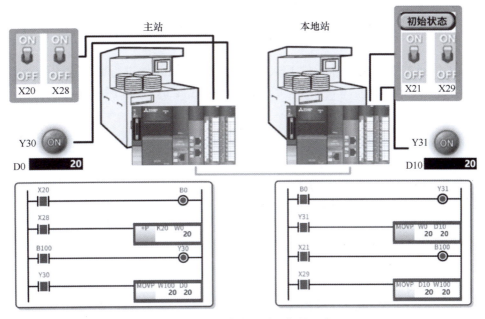

图 8-33 主站与本地站互操控程序

本项目小结

1. CC-Link IE TSN 网络是一种高速大容量的网络，可使众多连接设备实时共享信息，将以往分为控制系统、驱动系统、信息系统的网络集中为一个网络。

2. CC-Link IE TSN 网络涵盖了现有的三菱电动机 FA 网络的所有功能。

3. CC-Link IE TSN 是将 FA 网络整合成一个网络，可缩短启动和维护时的问题调查时间，可缩短新铺设和扩展网络时的配线时间。

4. CC-Link IE TSN 网络具有准时性，即使与信息通信混合使用，也可保持控制通信的准时性。

5. CC-Link IE TSN 网络具有时间同步特点，连接设备持有准确的时间戳，可准确地验证问题。

6. CC-Link IE TSN 网络支持以太网监视用 SNMP 协议，使用支持该协议的软件可整合管理包含服务器、开关盒配线的整个网络。

7. CC-Link IE TSN 网络站的类别分为主站和从站两大类，从站包含本地站和远程站。使用本地站分散控制器，共享相同信息。使用远程站分散控制 I/O。

8. CC-Link IE TSN 网络拓扑结构分为线形、星形、环形和混合型。线形可用最少的配线连接。星形的可扩展性高，易于添加设备。环形的可靠性高。区分使用不同拓扑结构，可灵活应对现场的布局变更。

9. CC-Link IE TSN 网络模块有 2 个连接端口，通信线缆无论连接到哪一端口，动作都相同。

10. 设置 CC-Link IE TSN 网络模块 IP 地址的作用，用于区别通信对象。

11. 刷新设置时，分配到 CPU 模块侧的软元件时，应避免与基板模块上的模块已使用的实际软元件冲突。

12. 可根据模块的 LED 显示进行 CC-Link IE TSN 网络状态初步诊断。

13. 在工程软件上可显示与实际的网络配线相同的状态，因此可快速确定 CC-Link IE TSN 网络异常部位。

14. 用于信息共享的链接软元件 LB、LW，用一个软元件进行输入输出。而所用的链接软元件 RX、RY 和 RWr、RWw 在 CPU 模块侧和远程 I/O 模块侧调换输入输出。

测 试

1. 说明控制网络特征的选项为（   ）。

A. 信息会实时更新，因此，对于远程站的软元件，可像对自站的软元件一样进行操作

B. 在计算机与可编程控制器间，必要时进行较大量信息的通信

2. 使用远程 I/O 模块的目的为（   ）。

A. 在多个可编程控制器 CPU 间共享同一信息

B. 以最少的配线将 I/O 配置到远距离的场所

3. 与循环传输方式对应的选项为（   ）。

A. 根据程序进行通信

B. 根据设置定期进行通信

4. 与瞬时传输方式对应的说明为（   ）。

A. 根据程序进行通信

B. 根据设置定期进行通信

5. 正确说明链接软元件的选项为（   ）。

A. 网络专用的软元件

B. 可使用的数量根据基板上的模块安装数而增减

6. 控制网络整合为 1 个的效果为（　　　）。

A. 问题原因调查所需时间缩短

B. 只需设置参数即可进行通信，因此程序员可只关注各站的软元件内容

C. 电缆铺设和设备更新所需时间缩短

7. 说明控制网络准时性的正确选项为（　　　）。

A. 通信量增大时会无法通信或发生重发

B. 可在规定时间内准确获得最新数据

8. 说明线形拓扑结构特点的正确选项为（　　　）。

A. 省配线　　　　B. 高扩展性　　　　C. 高可靠性

9. 说明星形拓扑结构特点的正确选项为（　　　）。

A. 省配线　　　　B. 高扩展性　　　　C. 高可靠性

10. 说明环形拓扑结构特点的正确选项为（　　　）。

A. 省配线　　　　B. 高扩展性　　　　C. 高可靠性

11. 关于 CC-Link IE TSN 模块连接端口的正确说明为（　　　）。

A. 无论使用两个端口中的哪一个，动作都相同

B. 动作因所连接的端口而异

12. 设置 IP 地址的目的为（　　　）。

A. 设置一个不重复的（独一无二）的编号，用于区别通信对象

B. 设置站号

13. 关于分配到 CPU 模块侧的链接软元件 RX、RY 的正确说明为（　　　）。

A. 可以自由分配

B. 设置时不能与已使用的实际软元件冲突

14. 对 CC-Link IE TSN 诊断进行正确说明的选项（　　　）。

A. 可在视觉上快速找到异常部位，缩短恢复所需时间

B. 诊断时需要先录入模块的配置文件

项目 9
Modbus 通信应用

项目引入

什么是 Modbus 通信协议？Modbus 通信协议是工业领域通信协议的业界标准，并且是当前工业电子设备之间常用的通信方式，特别是在物联网蓬勃发展的当下，了解并掌握广泛应用的 Modbus 通信协议意义重大。本项目带领大家一起了解 Modbus 协议和 RS-485 接口相关背景知识，包括发展历史、常见误解、Modbus RTU 与 Modbus TCP/IP 的区别，学会使用虚拟仿真软件进行 Modbus 协议解读，通过案例学习 Modbus 协议制作和程序编写。

任务 9.1　认识 Modbus 应用背景

任务描述

对于初学者甚至有些经验的现场技术人员，往往混淆了 Modbus 总线的一些基本概念，把 RS-485 当成通信协议，分不清 Modbus RTU 通信、Modbus 串行通信、Modbus TCP/IP 有什么区别。本学习任务，就是带着大家学习这些基本概念，了解这些概念的区别，知道这些通信协议用在哪些工业场景。

知识学习

9.1.1　Modbus 和 RS-485 的重要性

有不同类型的设备支持 Modbus 协议，如可编程逻辑控制器（PLC）、远程终端单元（RTU）、环路控制器、功率计、电动机控制器、泵控制器等。这里提到的只是冰山一角，实际上，有成百上千的设备支持 Modbus 协议。

在工业领域从事自动化应用技术工作需要掌握的一项重要技能就是使用 Modbus 协议和 RS-485 接口连接各种设备。许多年前，你只要会一种类型或型号的设备连接和操作就行，但目前在过程控制自动化中要求集成来自不同制造商的装置和设备，如集成西门子、三菱、欧姆龙、ABB 等，通过 Modbus 协议，SCADA 和 HMI 软件可以很容易地将各种串行设备整合到系统中。现在 Modbus 协议是自动化工业中使用最广泛的协议，几乎所有的智能设备都支持 Modbus 协议。这意味着，掌握如何用 Modbus 总线连接来自相同和不同制造商设备的技能至关重要，这是本课程的主要目标。

9.1.2 Modbus 协议的历史

Modbus 协议是由 Modicon（现为施耐德电气公司的一个品牌）在 1979 年开发的，是全球第一个真正用于工业现场的总线协议。之后为了更好地普及和推动 Modbus 基于以太网（TCP/IP）的分布式应用，施耐德公司已将 Modbus 协议的所有权移交给 IDA（Interface for Distributed Automation，分布式自动化接口组织），并成立了 Modbus-IDA 组织，此组织的成立和发展，进一步推动了 Modbus 协议的广泛应用。

知道 Modbus 协议的创建原因有助于理解如何使用，了解它的局限性。工厂逐渐由分布式控制系统（DCS）掌控，所有的传感器和执行器在整个工厂的布线，回路到同一个中央控制系统。中央控制系统通常在控制室里。目前，分布式控制系统（DCS）的采购和维护成本很高，原因有很多，其中包括昂贵的布线成本。如果每个传感器和执行器必须从运行的安装点一条线回到中央控制系统，需要有很多电缆，所以维修费用很高。

为了降低这些成本，Modicon 公司发明了第一个可编程逻辑控制器（PLC）。这样，在工厂，每一个传感器和执行器只需连接回它们的本地 PLC，不需要回控制室。这种方法又带来新的问题，工厂的不同设备仍然需要知道对方在做什么。因此，需要有一种方式让各种 Modicon PLC 相互通信和共享这些传感器数据，如图 9-1 所示，3 个 PLC 连接执行器和传感器，以及交换数据的情况。使用 Modbus 总线，可以互联系统中的所有 PLC，仅需安装一套通信电缆。通过 Modbus 协议共享数据允许 PC 协调活动，从而产生一个功能齐全且有效的工厂控制系统。

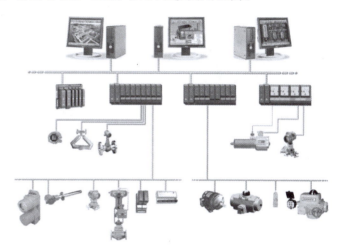

图 9-1 用 Modbus 总线连接的 DCS

Modbus 是一个免费开放的标准，硬件上很容易实现，也很灵活，所以很快被其他制造商采用。不仅 PLC 微控制器支持 Modbus，其他许多智能控制设备也支持，被广泛应用于过程控制、SCADA 等自动化领域中。

9.1.3 对 Modbus 和 RS-485 的常见误解

围绕 Modbus 和 RS-485 常常出现一些误解。首先，我们要明确 Modbus 是一种协议。RS-485 是一个电气标准。Modbus 协议定义了用于交换数据的消息帧结构，而 RS-485 仅定义电信号电平和允许数据传输的布线。

如果你听到有人说"RS-485 协议"，你马上就知道他们是错误信息的受害者。Modbus 实际上可以使用许多不同类型的电气标准，如 RS-232、RS-422、RS-485、无线电、微波、卫星等。

因为 Modbus 没有定义其所使用的物理介质，而是定义消息帧结构。

那么，我们为什么要在本书中将 Modbus 与 RS-485 结合起来？尽管 Modbus 可以使用许多其他物理介质进行通信，但与 RS-485 的特性非常适合。在工业现场，Modbus 的大部分应用涉及 RS-485。

9.1.4　RS-485 的历史

让我们看看 RS-485 的历史。

你会非常熟悉 USB，但在 USB 之前，连接设备的主要手段是使用 RS-232。过去计算机上的 RS-232 接口是一个简单的 9 针接口。现在 RS-232 的设计主要是把调制解调器和计算机连接起来，这样计算机就可以拨号上网了。很快 RS-232 就扩散到了许多不同的设备上，并在工业自动化领域得到了广泛的应用。但是 RS-232 主要缺点是点对点通信，换句话说，你所能做的就是将一个设备连接到另一个设备（见图 9-2），而你却无法连接一个设备到多个设备以创建设备网络。RS-232 只能在 15m 内的距离内使用，而且它对电噪声源的抵抗力也不强。因此，RS-485 电气标准应运而生。RS-485 允许连接多个设备来创建网络（见图 9-3），最多可连接 32 个设备，允许传输距离长达 1200m。

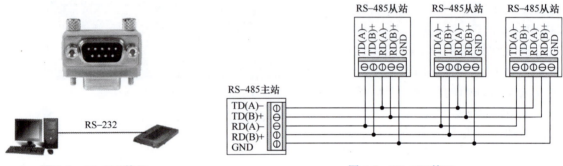

图 9-2　RS-232 接口　　　　　　　　图 9-3　RS-485 接口

9.1.5　Modbus RTU 与 Modbus TCP/IP 通信区别

Modbus 通信协议有多种变体，支持串行端口（主要是 RS-485 端口）和多种版本的以太网，其中最著名的是 Modbus RTU、Modbus ASCII 和 Modbus TCP。工业领域一般采用 Modbus RTU 协议，基于串行通信的 Modbus 通信协议一般指 Modbus RTU 通信协议。当涉及为开放的多供应商工业控制系统规划数据通信时，Modbus 是最终用户和集成商的首选。Modbus RTU 协议定义了"主"设备如何轮询一个或多个"从"设备，以通过 RS-232、RS-422 或 RS-485 串行数据通信实时读取和写入数据。尽管不是可用的最强大的协议，但其罕见的简单性不仅允许快速实现，而且允许足够的灵活性应用于几乎所有的工业场合。Modbus TCP 是 Modbus RTU 的扩展，国际互联网组织规定并保留了 TCP/IP 协议栈上的系统 502 端口，专门用于访问 Modbus 设备。Modbus TCP/IP 定义了如何在基于 TC/IP 的网络中编码和传输 Modbus RTU 消息。Modbus TCP 与最初的 Modbus RTU 一样易于实现和灵活应用，两者主要区别如下：

1）概念上不同。RTU 通过二进制数据直接传输数据，而 TCP 则将二进制数据的每个字节转换为固定的两位十六进制字符串，然后将字符串连接在一起，以 TCP 代码的形式传输数据。一般来说，RTU 是使用最广泛的方法。

2）通信模式不同。Modbus TCP 对应的通信方式为以太网。Modbus RTU 或 Modbus ASCII 对应的通信方式为异步串行传输，用各种通信接口如 RS-232/422/485。

3）协议封装不同。与 Modbus RTU 协议相比，Modbus TCP 在 RTU 协议中增加了消息 MBAP 头。由于 TCP 是基于可靠的连接服务，不再需要 RTU 协议中的 CRC（Cyclical Redundancy Checking，循环冗余校验）校验码，因此 Modbus TCP 中没有 CRC 校验码。

4）功用不同。Modbus RTU 协议可以让控制器之间以及控制器与其他设备之间通过网络进行通信。Modbus TCP 协议是在传输层和网络层之间提供服务。Modbus RTU 协议由于传输距离短、速度慢，应用受到限制。Modbus TCP 则因传输距离长、传输速度快而得到广泛应用。

5）应用不同。Modbus RTU 协议主要用于电气自动化和过程控制，一般采用 RS-232 或 RS-485 通信接口。Modbus TCP 协议主要用于 Internet 或 Intranet（企业内部网）。

6）OSI 模型不同。Modbus 是 OSI 模型第 7 层应用层的报文传输协议，它在不同类型总线或网络设备之间提供主站设备/从站设备（或客户端/服务器）通信。

Modbus RTU 通过两条线连接整个网络，并通过为每个节点提供唯一的地址来与每个设备通信。Modbus RTU 配 RS-485 接口，必须使用应用层来处理设备地址、校验和、数据包冲突。RS-485 设计用于主/从拓扑，主站轮询每个从站，等待响应，避免了数据包冲突，来实现确定性行为。采用 RS-485 接口，主站最多可以与 32 个从站通信，两线系统（半双工）或四线系统（全双工），最大距离为 1200m。

Modbus TCP 使用星形网络，其中每个节点都有一条单独的电缆，采用 CAT 5 或 CAT 6 线缆。它们可以使用路由器连接，给网络上每个节点唯一地址，地址可以是 1～255，也可以通过互联网使用 Modbus TCP。以太网没有内置方法来避免数据包冲突，确定性行为是强制性的，而通信速度通常足够高，还抗噪。

目前更多的现场设备使用 Modbus RTU，但 Modbus TCP 正在迎头赶上。压力变送器、流量计和气体分析仪使用 Modbus RTU。PLC、DCS 和控制室设备使用 Modbus TCP。一些通过互联网与网络服务器通信的设备使用 Modbus TCP。

任务 9.2 模拟 Modbus 协议

任务描述

在进行 Modbus 通信应用时，需要采用通信协议支持功能，学习者常常对于如何配置 Modbus 网络以及编制协议感到困惑，不能深入理解。本任务带着大家解读 Modbus 中最常用的功能代码，用虚拟仿真软件模拟主站的发送请求（查询）以及从站的发送响应（响应）动作，直观感受查询字节流和响应字节流（设备地址、功能代码、数据字节、错误检查）的传输，图 9-4 为将要模拟的事件，

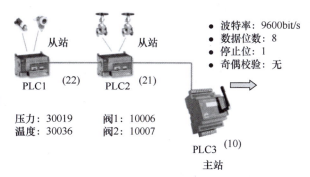

图 9-4 主站与从站之间 Modbus 通信

主站 PLC3 通过 Modbus 网络读取从站 PLC1 压力和温度数据，主站向从站 PLC2 发送执行指令让阀 1 和阀 2 动作。

> 知识学习

9.2.1 OSI 模型

Modbus 是 OSI 模型第 7 层应用层报文传输协议，模型如图 9-5 所示。

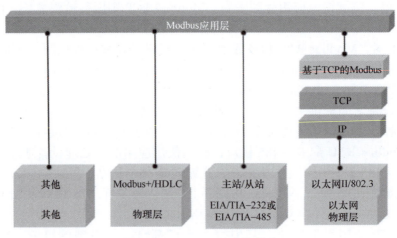

图 9-5　Modbus OSI 参考模型

9.2.2 请求与应答处理

Modbus 是一种请求/应答协议，提供由功能代码指定的服务。有 127 个公共和用户定义的功能代码可用，可用于数据访问（读取、写入）、诊断和其他服务。

Modbus 事务处理的过程如下：主机设备（客户端）创建 Modbus 应用数据单元形成查询报文，其中功能代码标志了向从机设备（服务器端）指示将执行哪种操作，如图 9-6 所示。功能代码占用一个字节，有效的码字范围是十进制 1～255（其中 128～255 为异常响应保留）。查询报文创建完毕，主机设备（客户端）向从机设备（服务器端）发送报文，从机设备（服务器端）接收报文后，根据功能代码做出相应的动作，并将响应报文返回给主机设备（客户端）。

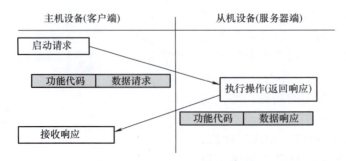

图 9-6　Modbus 事务处理正常过程

如果在一个正确接收的 Modbus ADU（Applying Data Unit，应用数据单元）中，不出现与请求 Modbus 功能有关的差错，那么从机设备（服务器端）将返回正常的响应报文。如果出现与请求 Modbus 功能有关的差错，那么响应报文的功能代码域将包括一个异常码，主机设备（客户端）能够根据异常码确定下一个执行的操作。如图 9-7 所示，对于异常响应，从机设备（服务器端）将返回一个与原始功能代码等同的码值，但设置该原始功能代码的最高有效位为逻辑 1，用于通知主机设备（客户端）。

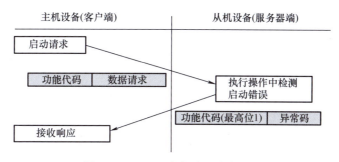

图 9-7　Modbus 事务处理异常过程

9.2.3　协议帧格式及功能代码

Modbus 协议是包括 ASCII、RTU、TCP 三种报文类型。

Modbus 协议帧规格如图 9-8 所示。

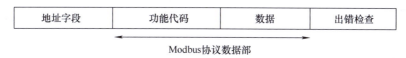

图 9-8　Modbus 协议帧规格

RTU 帧模式如图 9-9 所示，是使用二进制代码收发帧的模式。

起始	地址字段	功能代码	数据	出错检查(CRC)	终止(起始)	地址字段	…
3.5个字符时间以上的间隔	1字节	1字节	0~252字节	2字节	3.5个字符时间以上的间隔	1字节	

出错检查计算范围

图 9-9　Modbus RTU 帧模式

Modbus RTU 模式的出错检查通过 CRC 进行。CRC 是 16 位（2 字节）的二进制值。CRC 值由发送设备计算，并添加到报文中。接收设备在报文接收过程中重新计算 CRC，并和接收的实际值进行比较。进行比较的值如果不同，则为出错。

Modbus RTU 帧模式对应的功能代码见表 9-1。

表 9-1　Modbus RTU 帧模式对应的功能代码

功能代码	功能名	详细内容
01H	线圈读取	线圈读取（可以多点）
02H	输入读取	输入读取（可以多点）
03H	保持寄存器读取	保持寄存器读取（可以多点）
04H	输入寄存器读取	输入寄存器读取（可以多点）
05H	1 线圈写入	线圈写入（仅 1 点）
06H	1 寄存器写入	保持寄存器写入（仅 1 点）
0FH	多线圈写入	多点的线圈写入
10H	多寄存器写入	多点的保持寄存器写入

> 虚拟学习

9.2.4 查询-响应循环模拟

1. 解读字节流

查询和响应字节流中的字节具有不同的功能，查询和响应字节流根据其用途分为四个部分。这四个部分为设备地址、功能代码、8位数据字节和错误检查。每个部分都有不同的用途。如图9-10所示，主站发送给从站的实际查询，从站发送了一个响应回到主站。

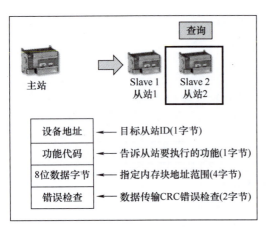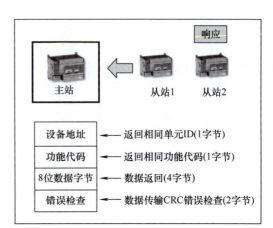

图9-10 主站和从站之间字节流

查询和响应的核心是如何交换字节流，剖析字节流的各个部分的功能，如图9-10所示。在事务的查询循环中，主站向特定的从站发送命令。在这个例子中，是从站2。

1）单元ID。主站必须以某种方式来告诉从站，命令是指向它而不是其他从站。主站通过将从站的地址放在设备地址部分来构成字节流。从站的地址实际上是该设备的单元ID。单元ID是从站设备的唯一标识数字。字节流的这个设备地址部分只有1字节长。

2）功能代码。主站还必须告诉从站它想做什么，或者更确切地说，它想用什么功能。这时就会用到前面提到的功能代码，每个命令都有表示唯一代码的一个数字，因此主站必须在发送给从站的字节流中附上功能代码部分，只有这样从站才会知道该怎么做。字节流的功能代码部分只有1字节长，就像设备地址部分一样。

3）数据范围。在查询中8位数据字节部分由主站用来指定数据块地址。主站通过指定起始地址以及起始地址之后的数据块数来表示数据地址范围。8位数据字节部分的长度通常为4字节，前两个字节表示起始地址，后两个字节表示数据块数量。

4）错误检查。字节流最后部分是查询字节流错误的检查部分，如图9-11所示。电干扰、物理干扰或其他会干扰RS-485通信，对通信介质的干扰会导致数据错误。错误检查用于检测和处理这些可能的干扰，以确保主从通信可靠地传输数据。

为描述字节，用方括号[ ]，括号里的值，就是这个字节的值。当PLC3从PLC1读取压力，主站要把压力归零，压力的读数将涉及一个查询-响应循环，主站将向从站发送请求，从站将响应主站。根据这个场景，如图9-12所示，[22]显示的是一个值为22的单字节，表示Modbus从站的PLC1的单元ID为22。

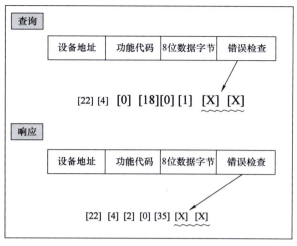

图 9-11　主站和从站之间字节流中错误检查部分

注意：Modbus 设备将以二进制形式存储数据，但为了便于理解，此处用十进制表示法来表示所有的值。

图 9-12　从站单元 ID 为 22

2. 解读 Modbus 存储区和功能代码

现在像 PLC、网络模块、电能管理模块这样的智能设备都有内存，这些设备内存用于存储程序、数据备份和其他用途。如果一个设备是与 Modbus 协议兼容的，它必须有一部分专用于 Modbus 内存服务，该内存区域称为 Modbus 存储区。

用矩形表示整个 Modbus 内存区域，多数设备 Modbus 的内存区域是一样的，都是分为四个区域。这四个区域分别是线圈、输入、输入寄存器、保持寄存器，如图 9-13 所示。其中线圈和输入区域由 1 位的内存块组成，输入寄存器和保持寄存器区域由 16 位的内存块组成。

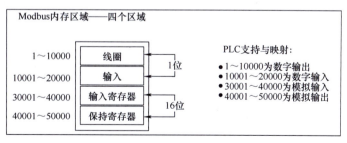

图 9-13　智能设备专用 Modbus 存储区

来看看这些块的内存地址：

1）线圈区域的内存地址从 1～10000，因此线圈区域有 10000 个 1 位的内存块。线圈区域用于存储离散输出的数字数据。

2）输入区域的内存地址从 10001～20000，这个区域也有 10000 个 1 位的内存块。输入区域用于存储离散输入的数字数据。

3）输入寄存器的内存地址从 30001～40000，所以有 10000 个 16 位的内存块。输入寄存器用于模拟输入。

4）保持寄存器的内存地址从 40001～50000，同样有 10000 个 16 位的内存块。保持寄存器用于模拟输出。

为什么 Modbus 兼容设备的存储区看起来都像这样？Modbus 协议最初是设计和开发用于可编程逻辑控制器之间的通信。那时的可编程逻辑控制器通常只有四种类型的连接，即离散输入、离散输出、模拟输入和模拟输出，所以当时每个 PLC 都需要在 Modbus 内存存储来自这四种连接类型的数据。这就是为什么 Modbus 存储区有四个独立的区域。所以在内存区域和 PLC 可以输入的类型之间有一个直接的映射，了解设备中 Modbus 区域的典型内存映射对于创建适当的 Modbus RS-485 网络至关重要。

如图 9-14 所示，要表示的功能代码到底是什么呢？你应该记住功能名称如下：线圈读取、输入读取、保持寄存器读取、输入寄存器读取、单个线圈写入、单个寄存器写入。每个功能代码名都有一个与其相关联的数字，即功能代码编号是 1、2、3、4、5、6。

在该示例中，想读取内存地址 30019 处的数据，属于输入寄存器读取，我们需要功能命令输入寄存器读取功能代码的编号 4，如图 9-14 所示。

图 9-14 功能代码读取

主站想指定读 30019 寄存器中的压力值在的位置，它存在于 Modbus 存储区 30001～40000 的范围内，这是输入寄存器范围。取 30019，减去 30001，得到下限 18，得到起始地址，保存到数据字节的前两个字节中，即 [0]、[18]。两个字节表示起始地址。前两个字节中每个字节的范围是 0～256，如果此值超过 256，则此值不起作用。

接下来的两个字节呢？在该示例中，想读取 1 个寄存器，所以接下来的两个字节是 [0]、[1]。查询流中指定寄存器 30019 的 8 位数据字节部分全部表示出来，如图 9-15 所示。

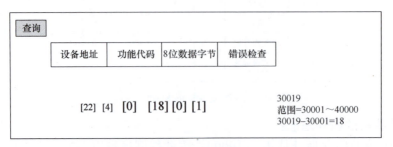

图 9-15 功能代码和数据范围读取

示例中查询字节流的最后一部分，这就是错误检查。错误检查有两个字节长，这里用 X 和 X 表示，如图 9-16 所示。这两个字节表示循环冗余校验，或者作为循环冗余检查的结果。主站的微处理器实际上会进行这种计算，周期性的冗余检查用于处理实际错误。当这个字节流从主站发送到从站，从站也执行

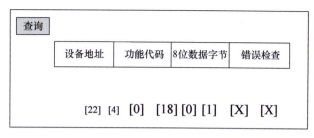

图 9-16　错误检查

完全相同的循环冗余检查，从［22］到［1］，创建自己的结果值。然后将获取自己的结果，并将其与字节流中得到的结果进行比较。如果它们相同，则意味着字节流是有效的。

3. 虚拟仿真软件使用

接下来通过虚拟仿真向你展示字节流的实际情况，只有了解了这一点，你才能学会如何使用专用软件对 Modbus 网络进行配置和故障排查。

下面介绍使用 Modbus 软件工具，来模拟前面关于 Modbus 的两个命令查询-响应循环，进一步验证 Modbus 查询-响应循环的详细信息。建议使用 Modbus 仿真软件工具，推荐的两款软件工具是 Modscan32 和 Modsim32，下载地址如图 9-17 所示，Modscan32

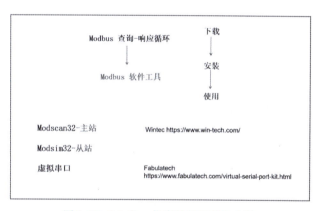

图 9-17　Modbus 仿真软件下载和安装

是 Modbus 主站模拟器，Modsim32 是 Modbus 从站模拟器。Modscan32 用作 Modbus 主站从 Modbus 从站读取数据。两个模拟器实际上都是由一家名为 Wintec 的公司开发的。第三个软件虚拟串口用来创建虚拟 Modbus 网络。

虚拟 Modbus 网络有助于学习 Modbus 通信以及如何排除故障。

1）虚拟串口软件使用。新的笔记本计算机和台式机只带有 USB 端口，没有一个 9 针串口。串口是一个通信端口或称为 COM 端口，是笔记本计算机与外部设备 PLC 或 VFD 进行通信的端口。可以购买 USB 到串行端口转换器，来实现这种通信端口功能。

Modscan32 和 Modsim32 应用程序实际上需要一个 COM 端口来进行通信，在这种情况下，用虚拟串口软件创建虚拟 COM 端口有点像假 COM 端口，这就是虚拟串口套件的用途。

双击虚拟串行端口应用程序，在应用界面建立起一个从 COM3 到 COM4 的虚拟连接，如图 9-18 所示。虚拟的 Modbus 网络，让 Modscan64 与 Modsim64 交换数据。

2）Modscan32 主站模拟器使用。Modscan32 是一个 Modbus 主站模拟器。首先建立连接，主站 Modscan 软件设置通信端口为 COM3，图 9-19 所示。

设置 Modscan 主站通信参数，如图 9-20 所示，包括波特率、字长度、奇偶校验、停止位、协议选择。注意：主站和从站通信参数设置要一致。

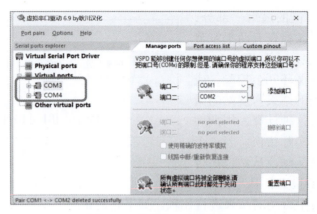

图 9-18 虚拟串口建立连接

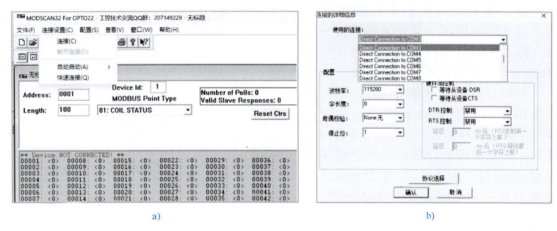

a)   b)

图 9-19 Modscan 主站通信端口设置

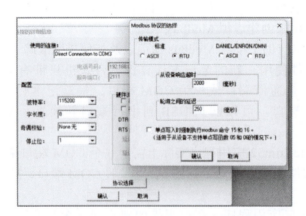

图 9-20 Modscan 主站通信参数设置

Modbus 主站从 Modbus 从站获取数据，必须要知道从站单元 ID 和寄存器地址。还记得前面的一个例子吗？主站要从 ID 为 22 的从站获取 30019 的压力。Modbus 主站模拟器内要设置连接到 ID 22，输入从站 ID 号，起始地址为 30019。请注意，下拉列表有 0、1、2、3、4，选择 4 输入寄存器读取，要把 0019 放在地址栏中，读取数据长度为 1，在长度栏中填入 1。这样 Modbus 主站，启动单元 ID 为 22、地址为 0019、长度为 1 的寄存器。注意，这里没有输入 30019，因为当我们选择输入寄存器时，软件会将 30000 加到它上面，所以只放入 0019，操作过程如图 9-21 所示。

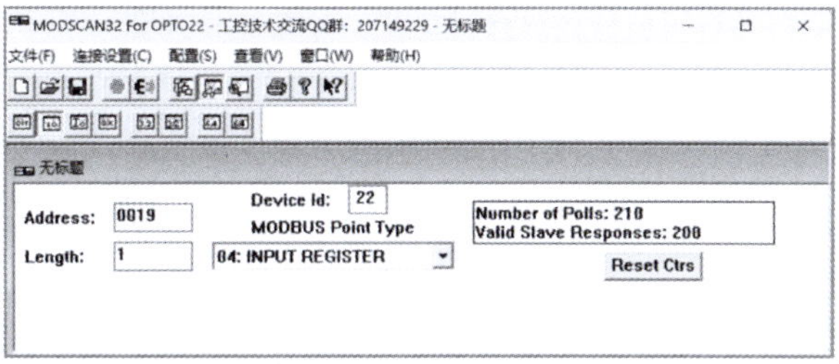

图 9-21 Modscan 主站读取从站数据的设置

同理，从站要进行通信端口 COM4、通信参数、站号 22、地址 0019、功能代码 4 的设置，以建立与主站的通信必备条件，如图 9-22 所示。

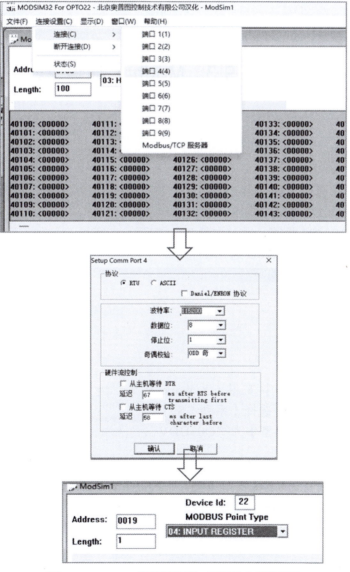

图 9-22 Modsim 从站通信端口及通信参数的设置

通过仿真软件，可以看到在从站地址 30019 内输入数值 200，会被主站读取到，如图 9-23 所示。

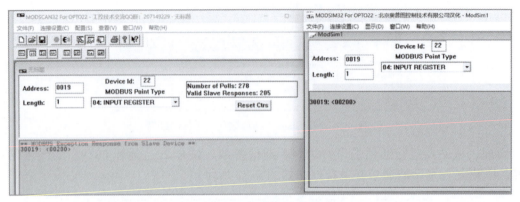

图 9-23　从站数值被主站读取

◀◀ 任务 9.3　Modbus 通信 ▶▶

任务描述

本任务使用 Q 系列 PLC 加上 QJ71C24N 信息模块，通过 Modbus RTU 与变频器、温控器和仪表进行通信，如图 9-24 所示。该模块有一个 RS-232 通道和 RS-485 通道，本任务使用 RS-485 通道。通过本任务的学习，你将学会 Modbus RTU 通信的参数设置、协议制作以及程序编写。

◆ 硬件配置

设备名称	型号	数量
CPU	Q03UDVCPU	1
模块	QJ71C24	1
模块	QX40	1
模块	QY40P	1
编程软件	GX WORKS2	1

图 9-24　Modbus RTU 串行通信案例

技能学习

9.3.1　搭建系统

1）新建工程。在 PC 中安装 GX Works2。在 GX Works2 中新建工程，选择【系列（S）】为"QCPU(Q 模式)"，选择【机型】为"Q03UDV"，如图 9-25 所示。

2）I/O 设置。打开导航【参数】→【PLC 参数】，打开【I/O 分配设置】，进行【模块添加】。打开【程序设置】→【插入】，添加扫描程序，如图 9-26 所示。

图 9-25　新建工程

项目 9　Modbus 通信应用

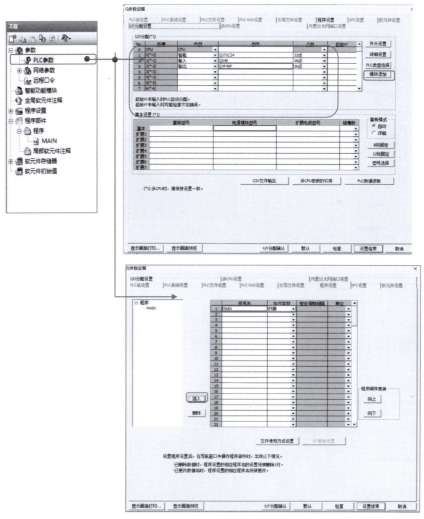

图 9-26　添加模块和 I/O 设置

3）开关设置。单击导航栏中【智能功能模块】→【0000：QJ71C24N】→【开关设置】，出现图 9-27 所示界面，根据所连接的设备要求进行通信参数设置，见通道 CH2 所示内容。

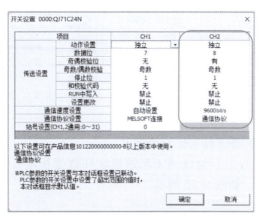

图 9-27　开关设置

4)将设置写入 PLC，并重置 PLC。

9.3.2 第 1 个通信协议制作

1)选择通信协议支持功能。选择菜单栏【工具】→【通信协议支持功能】→【串行通信模块】，出现通信协议制作界面，如图 9-28 所示。

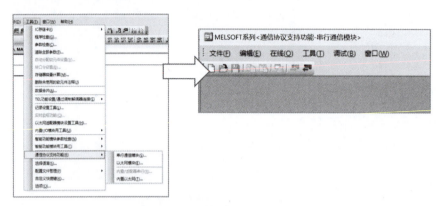

图 9-28　开启通信协议支持功能

2)新建协议。【文件】→【新建】→协议号【添加】，如图 9-29 所示。

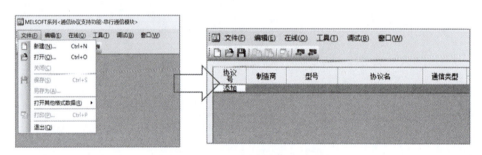

图 9-29　新建协议

3)制作第 1 个协议。从协议号中选择【制造商】→【型号】→【协议名】。新建协议名类型同前面表 9-1 所示的 Modbus RTU 帧模式对应的功能代码，常用 03 和 16 批量读取和写入，注意这里功能代码是十六进制表示。本任务选择"03"，为批量寄存器读取，单击【确定】按钮，如图 9-30 所示。

4)批量设置寄存器。单击鼠标右键，出现【软元件批量设置（I）】，设置 D100，单击【确定】按钮，如图 9-31 所示。

5)批量读取设置。该协议号 1 批量设置从

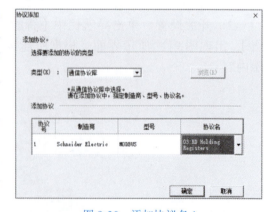

图 9-30　添加协议名 1

站站号、功能代码、发送数据存储区域（起始地址和数据长度）、正常接收数据存储区域、错误接收数据存储区域等，如图 9-32 所示。

项目 9　Modbus 通信应用

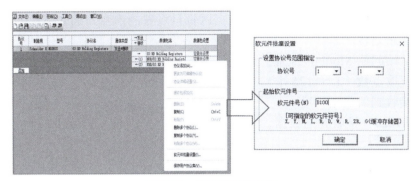

图 9-31　批量设置寄存器

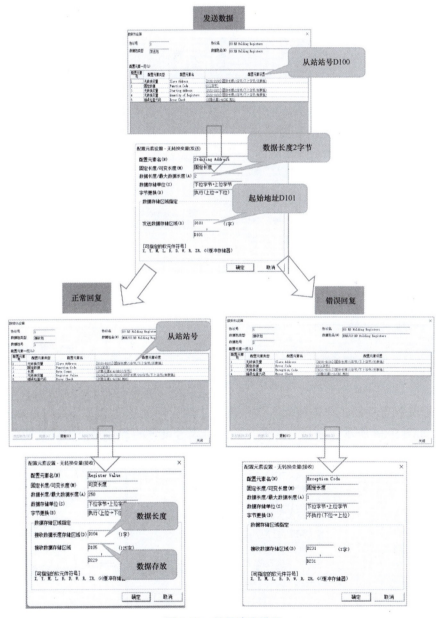

图 9-32　批量读取设置

03 功能代码批量读取寄存器设置，数据区批量设置的内容归纳如下：

D100：从站站号。

D101：从站起始 Modbus 地址。

D102：读取点数（1～125 个）。

D104：接收到的数据长度。

D105～D229：接收到的数据。

9.3.3 第 2 个通信协议制作

1）第 2 个协议添加。协议号中选择【制造商】→【型号】→【协议名】。本任务选择"16"，为批量寄存器写入，单击【确定】按钮，如图 9-33 所示。

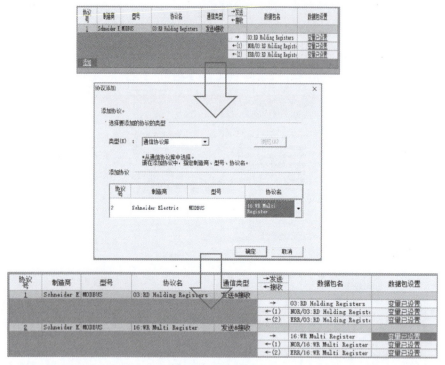

图 9-33 添加协议名 2

2）批量设置寄存器。单击鼠标右键，出现【软元件批量设置】，设置 D300，单击【确定】按钮，如图 9-34 所示。注意：不要与前面协议号设置的寄存器范围重复或叠加。

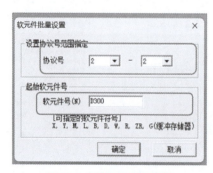

图 9-34 批量设置寄存器

3）批量写入设置。该协议号 2 批量设置从站站号、功能代码、发送数据存储区域（起始地址和数据长度）、正常接收数据存储区域、错误接收数据存储区域等，如图 9-35 所示。

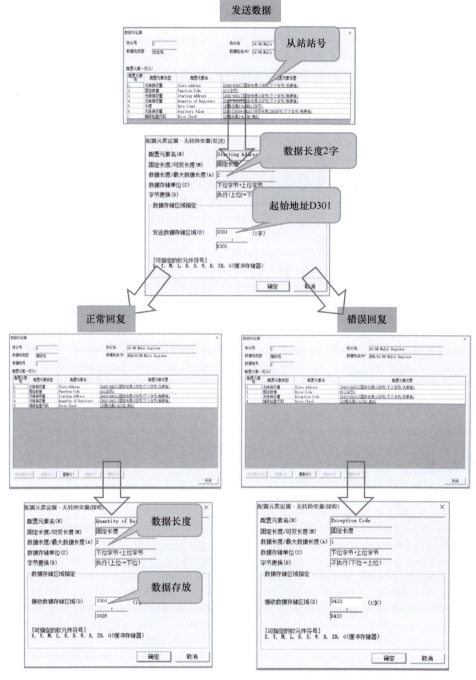

图 9-35 批量写入设置

16 功能代码批量写入寄存器设置，数据区批量设置的内容归纳如下：

D300：从站站号。

D301：从站起始 Modbus 地址。

D302：写入点数（1～125 个）。

D303：写入数据长度。
D304～D428：写入数据。

9.3.4 协议详细设置

设置协议的发送接收参数，从"协议设置"界面选择任意的协议行，单击【编辑】→【协议详细设置】。

1）接收等待时间设置，在模块中设置接收数据的等待时间。在由于断线等变为与对象设备禁止通信，指定的时间内无法接收一致的数据包数据的情况下，模块判断为异常，可延长接收数据等待时间。

2）发送待机时间设置，在模块中设置协议变为执行状态的时间，设置直到实际发送数据的待机时间。由此，对于模块的发送待机时间，可以调节对象设备直到可接收的时间。

具体过程如图9-36所示。需要设置【接收等待时间】，如果设置为0，则当Modbus命令出现错误时，模块将等待无限长的时间，并需要重置PLC。

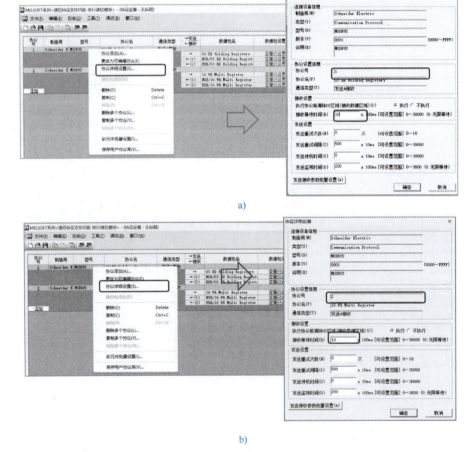

图9-36 接收等待时间设置

9.3.5 协议另存和模块写入

协议制作完成后，另存并进行【模块写入（W）】，如图9-37所示。

项目 9　Modbus 通信应用

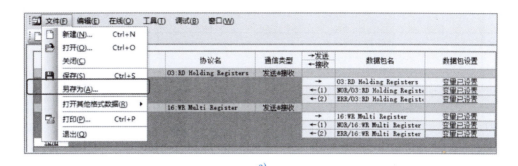

图 9-37　协议另存并写入

9.3.6　程序编写

如图 9-38 所示，程序编写用到 "G.CPRTCL" 指令，参见 4.3.6 节专用指令使用方法介绍。

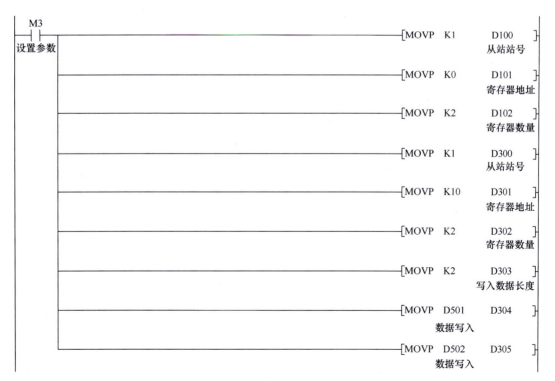

图 9-38　Modbus 应用案例程序编写

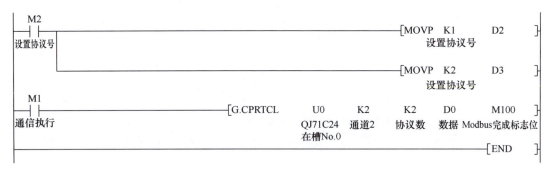

图 9-38　Modbus 应用案例程序编写（续）

本项目小结

1. 成百上千的设备支持 Modbus 协议。RS-485 是接口电气标准，用于连接各种自动化设备，具有组网功能。Modbus 协议可以使用 RS-485、RS-232、RS-422 等电气接口标准。

2. RS-232 是点对点通信，即 1∶1 通信。而 RS-485 允许连接多个设备，实现 1∶N 通信，最多可连接 32 个设备，允许传输距离长达 1200m。

3. Modbus 协议是施耐德电气公司开发的，在协议编制时，从选项中选择该公司。

4. Modbus 通信协议有多种变体，其中最著名的是 Modbus RTU、Modbus ASCII 和 Modbus TCP。工业领域一般采用 Modbus RTU 协议，基于串行通信的 Modbus 通信协议一般指 Modbus RTU 通信协议。

5. Modbus RTU 采用主从结构、串行通信方式，使用两线（半双工）或四线（全双工）系统。

6. Modbus TCP 对应的通信方式为以太网，使用星形网络，其中每个节点都有一条单独的电缆，型号为 CAT 5 或 CAT 6，还可以使用路由器连接。

7. Modbus RTU 协议有 127 个功能代码可用，最常用的是 03 和 16、03 和 06。

8. Modbus 通信协议字节流包括四部分，分别是设置从站 ID、功能代码、数据范围和错误检查。主站发送给从站的实际查询，从站发送一个响应回到主站。

9. 与 Modbus 协议兼容的智能设备内存必须有一部分专用于 Modbus 内存服务，并分为四个区域，分别是线圈、输入、输入寄存器和保持寄存器。

10. 设置 Modbus 主站通信参数，包括波特率、字长度、奇偶校验、停止位、协议选择，都要与从站一致。

测试

1. Modbus RTU 是一个（　　）。
   A. 硬件　　　　B. 协议　　　　C. 交换机　　　　D. 路由器

2. Modbus 是一个（　　）数据协议。
   A. 传输层　　　B. 网络层　　　C. 应用层　　　　D. 数据链路层

3. 以下哪项是正确的？（　　）

A. Modbus 传输数据受限于从站

B. Modbus 传输数据受限于主站

C. Modbus 传输数据受限于协议层

D. Modbus 传输数据不受任何限制

4. Modbus 通信协议是在（　　）年开发的。

A. 1970　　　　B. 1975　　　　C. 1980　　　　D. 1979

5. Modbus 是一种（　　）通信协议。

A. 并行　　　　B. 串行　　　　C. 混合　　　　D. 以上均无

6. Modbus 为（　　）和（　　）提供客户端 / 服务器或主 / 从设备之间的通信。

A. 光学设备、总线或电线　　　　B. 电子设备、网络或总线

C. 磁性设备、网络或总线　　　　D. 电磁设备、总线或电线

7. 以下哪些是 Modbus 的变体？（　　）

A. DP、TCP　　　　B. RTU、TCP/IP

C. FM、PA　　　　D. PA、RTU

项目 10
综合网络应用

项目引入

目前工业领域已可以提供丰富多样的工业网络选项,来满足各种连接需求,能够集成所有生产设备,包括已安装或添加的工作单元、机器和外部设备。无论是在单个网络进行标准化,还是灵活地连接到任何网络,都可以构建最有效的网络架构。本项目带领大家将前面项目内容中提供的网络技术进行综合应用,以两个典型案例来说明 1∶N 和 N∶N 网络拓扑结构的设计,选用合适的设备搭建,学会通信对象设置、配线、网络配置、软元件刷新范围设置、程序编写,实施网络通信。

任务 10.1 构建自动化仓库堆垛机三轴控制系统网络

任务描述

自动化仓库货流量大,采用自动化控制系统,可降低人工劳动强度。控制系统用到工业网络控制技术,本案例通过 CC-Link IE Field Basic 连接 MELSEC iQ-F 系列可编程控制器与 FR-A800/FR-B800 系列变频器,在自动化仓库中对用于搬运的堆垛机进行三轴(行走轴、升降轴和货叉轴)动力控制。通过本任务的学习,你将能了解以太网、串行通信、CC-Link IE Field Basic 几种网络技术区别,学会灵活选择与构建 1∶N 网络系统。图 10-1 为自动化仓库搬运系统概览。

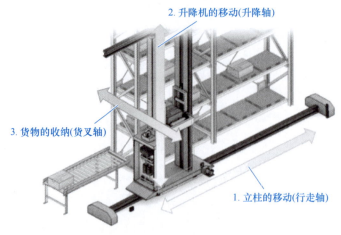

图 10-1 自动化仓库搬运系统概览

> 技能学习

主从总线通信方式又称为 1：N 通信方式，这是在 PLC 通信网络上采用的一种通信方式。在总线结构的 PLC 子网中只有一个主站（一台主 PLC），其他都是从站，故为主从总线通信结构。

PLC 与 PLC 之间的通信称为同位通信，又称为 N：N 网络。

多网络系统是指通过中继站连接多个网络的系统。循环传送时，只能在同一网络内进行通信。瞬时传送时，可以与网络内的全站进行通信，通过实用程序预先设置路由参数（通信路径），向不同网络的站进行通信，如图 10-2 所示。

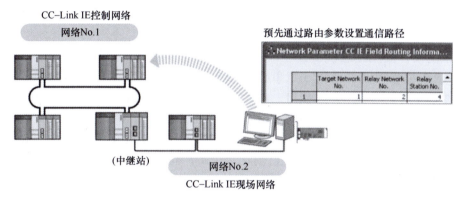

图 10-2　配有中继站的多网络系统

10.1.1　1：N 混合网络系统构建

CC-Link IE Field Basic 网络具有 1 个网络可以混合星形连接与线形连接的特点，但环形连接不可以与星形连接或线形连接混合在一起。

1. 串行通信和 CC-Link IE Field Basic 混合网络系统构建

自动仓库堆垛机 1 轴和 2 轴的距离测量仪器反馈货物当前位置信息给 PLC，PLC 计算货物当前位置与目标位置的偏差，然后使用变频器定位控制电动机动作，变频器用到 CC-Link IE Field Basic 网络通信进行全闭环定位控制。当距离测量仪器采用串行通信协议支持功能时，可编程控制器控制和变频器采用 CC-Link IE Field Basic 通信，可以是总线型连接（见图 10-3），或者是星形连接（见图 10-4）。

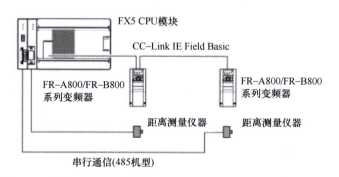

图 10-3　串行通信和总线型 CC-Link IE Field Basic 混合网络系统

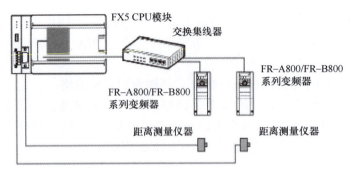

图 10-4　串行通信和星形 CC-Link IE Field Basic 混合网络系统

网络系统硬件使用注意事项：

1）FX5 可编程控制器使用注意事项。FX5 可编程控制器以 RS-485 接口串行方式通信时，硬件必须有内置 RS-485 接口，或者添加 FX5-485ADP、FX5-485-BD。采用通信协议支持最多 2 通道，在对象设备与 CPU 模块间发送接收数据。

2）变频器使用注意事项。FR-E800 系列变频器属于满足 CC-Link IE Field Basic 通信协议的机型，对应星形连接、总线型连接方式。而 FR-A800 系列变频器也属于满足 CC-Link IE Field Basic 通信协议的机型，仅对应星形连接方式。

串行通信的距离测量仪器及以 CC-Link IE Field Basic 通信的变频器实际安装位置如图 10-5 所示。

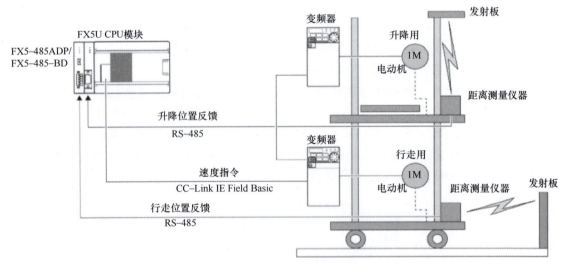

图 10-5　混合网络实际部件安装位置

2. 以太网通信和 CC-Link IE Field Basic 混合网络系统构建

对于自动仓库堆垛机控制系统，当距离测量仪器采用以太网（通信协议：UDP）支持功能时，对于可编程控制器控制的变频器采用 CC-Link IE Field Basic 通信，可以是总线型连接（见图 10-6），或者是星形连接（见图 10-7）。

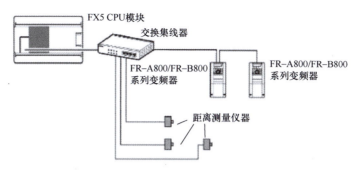

图 10-6 以太网 UDP 和总线型 CC-Link IE Field Basic 混合网络系统

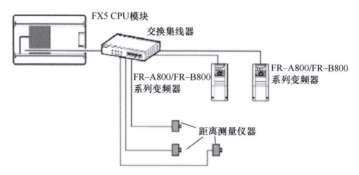

图 10-7 以太网 UDP 和星形 CC-Link IE Field Basic 混合网络系统

网络系统硬件使用注意事项：

1）FX5 CPU 模块使用注意事项。内置以太网端口，用于连接交换式集线器。

2）交换式集线器使用注意事项。用于连接变频器，通信方式采用 CC-Link IE Field Basic。用于连接距离测量仪器，通信方式采用以太网 UDP 通信协议。

3）变频器使用注意事项。FR-A800 系列变频器属于满足 CC-Link IE Field 通信协议的机型，对应星形连接、总线型连接方式。而 FR-E800 系列变频器支持各种网络协议，如 CC-Link IE TSN、CC-Link IE Field Basic 等，对应星形连接和总线型连接方式。

4）距离测量仪器使用注意事项。采用满足以太网通信对应机型。

10.1.2　CC-Link IE Field Basic 网络设置

1. 网络配置的设置

使用 GX Works3 进行设置，通过 CC-Link IE Field Basic 连接 FX5 CPU 模块和变频器。FX5U CPU 模块与两台变频器（站号 1 为 FR-E800-E、站号 2 为 FR-E800-E）连接的系统配置示例如图 10-8 所示。

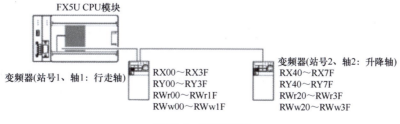

图 10-8　网络配置

1）打开以太网端口设置，导航窗口→【参数】→【FX5U CPU 模块】→【模块参数】→【以太网端口】。

2）设置可编程控制器的 IP 地址、子网掩码，【基本设置】→【自节点设置】→【IP 地址】，如图 10-9 所示。

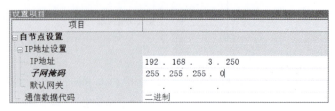

图 10-9　IP 地址设置

3）将【CC-Link IEF Basic 使用有无】设置为"使用"，【基本设置】→【CC-Link IEF Basic 设置】→【CC-Link IEF Basic 使用有无】，如图 10-10 所示。

图 10-10　基本设置

4）打开网络配置设置，【CC-Link IEF Basic 设置】→【网络配置设置】→"＜详细设置＞"。

5）添加 FR-E800-E。在模块一览中选择 FR-E800-E 后，拖放至网络配置图或站一览中。

6）设置各站的 IP 地址，如图 10-11 所示。

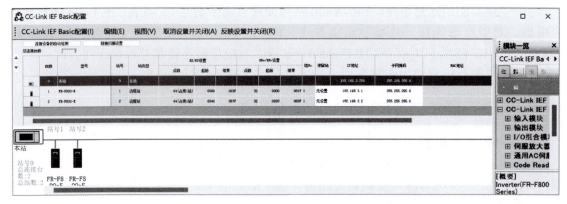

图 10-11　各站 IP 地址设置

2. 网络刷新参数的设置

1）打开以太网端口设置，【导航窗口】→【参数】→【CPU 模块】→【模块参数】→【以太网端口】。

2）打开刷新设置，【基本设置】→【CC-Link IEF Basic 设置】→【刷新设置】→"＜详细设置＞"，如图 10-12 所示。

链接侧					CPU侧				
软元件名	点数	起始	结束		刷新目标	软元件名	点数	起始	结束
RX	128	00000	0007F	⇔	指定软元	X	128	1000	1177
RY	128	00000	0007F	⇔	指定软元	Y	128	1000	1177
RWr	64	00000	0003F	⇔	指定软元	W	64	00000	0003F
RWw	64	00000	0003F	⇔	指定软元	W	64	00040	0007F

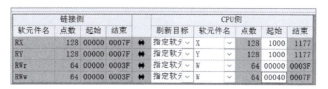

图 10-12　刷新设置

3）指定分配给 RX/RY、RWw/RWr 的软元件。设置示例如图 10-13 所示。

远程1站	远程2站
•RX0～RX3F ⇔ X1000～X1077（128点）	•RX0～RX3F ⇔ X1100～X1177（128点）
•RY0～RY3F ⇔ Y1000～Y1077（128点）	•RY0～RY3F ⇔ Y1100～Y1177（128点）
•RWr0～RWr1F ⇔ W0～W1F（64点）	•RWr0～RWr1F ⇔ W20～W3F（64点）
•RWw0～RWw1F ⇔ W40～W5F（64点）	•RWw0～RWw1F ⇔ W60～W7F（64点）

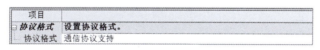

图 10-13　软元件分配

10.1.3　与距离测量仪器的通信设置

使用 GX Works3 进行设置，以使 FX5 CPU 模块与距离测量仪器进行通信，应根据配置另行设置距离测量仪器。

1. 串行通信采用内置 RS-485 端口

距离测量仪器进行串行通信，采用内置 RS-485 端口时，对象 CPU 模块 FX5U/FX5UC CPU 通信设置如下：

1）打开 RS-485 串口设置，【导航窗口】→【参数】→【CPU 模块】→【模块参数】→【485 串口设置】。

2）将协议格式设置为“通信协议支持”，【基本设置】→【协议格式】，如图 10-14 所示。

项目	
⊟ **协议格式**	**设置协议格式。**
协议格式	通信协议支持

图 10-14　协议格式设置

3）根据所使用的距离测量仪器，设置数据长度、奇偶校验、停止位及波特率，【基本设置】→【详细设置】，设置示例如图 10-15 所示。

⊟ **详细设置**	**设置详细设置。**
数据长度	8bit
奇偶校验	奇数
停止位	1bit
波特率	115,200bit/s

图 10-15　详细设置

2. 串行通信采用添加 FX5-485ADP

距离测量仪器进行串行通信，采用添加 FX5-485ADP 时，对象 CPU 模块 FX5S/FX5UJ/FX5U/FX5UC CPU 参数设置如下：

1）打开模块配置图，【导航窗口】→【模块配置图】。

2）将通信适配器安装至 CPU 模块。将要使用的通信适配器拖放至 CPU 模块的旁边，【部件选择】窗口→【通信适配器】，如图 10-16 所示。

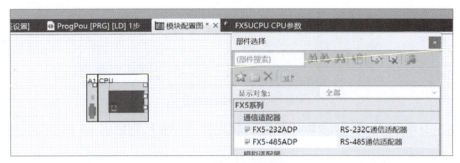

图 10-16　通信适配器选用

3）确定参数,【编辑】→【参数】→【确定】。

4）检查参数,【工具】→【参数检查】。

5）打开添加模块的模块参数设置,【导航窗口】→【参数】→【模块信息】→【FX5-485ADP】。

6）将协议格式设置为"通信协议支持",【基本设置】→【协议格式】,如图10-17所示。

图 10-17　协议格式设置

7）根据所使用的距离测量仪器,设置数据长度、奇偶校验、停止位及波特率,【基本设置】→【详细设置】,设置示例如图 10-18 所示。

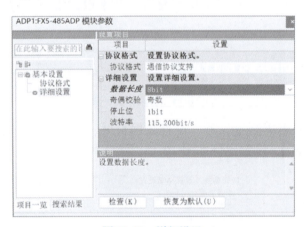

图 10-18　详细设置

3. 以太网通信

距离测量仪器进行以太网通信时,参数设置如下:

1）打开以太网端口的对象设备连接配置设置,【导航窗口】→【参数】→【CPU模块】→【模块参数】→【以太网端口】→【基本设置】→【对象设备连接配置设置】→"<详细设置>"。

2）在模块一览中选择对象设备,并拖放至网络配置图或连接设备一览后,添加距离测量仪器。

3）将通信手段设置为"通信协议"后，根据所使用的距离测量仪器设置 IP 地址、端口编号。设置示例如图 10-19 所示。

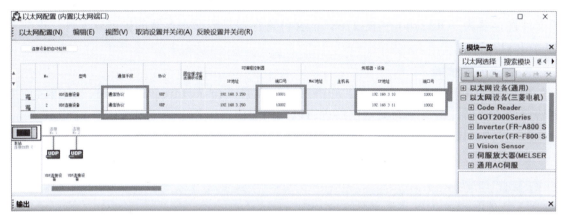

图 10-19　以太网配置

10.1.4　通信协议支持功能的设置

使用 GX Works3 设置与距离测量仪器通信的通信协议。

1. 串行通信时

使用由距离测量仪器公司提供的协议设置数据"fb-awhfreqrol_SerialComm.rpx"。通过使用本协议设置数据，可与距离测量仪器进行串行通信。

1）将协议设置数据"fb-awhfreqrol_SerialComm.rpx"映射至 CPU 模块。

2）登录协议设置数据，如图 10-20 所示。

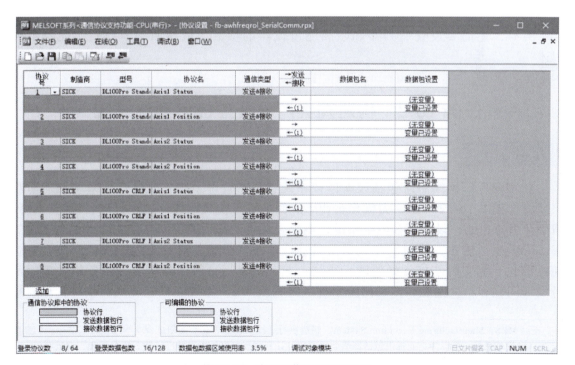

图 10-20　串行通信协议数据设置

要点：

1）设置时，应确保协议编号设置为 1～8 连号。

2）为通过通信协议支持功能与距离测量仪器进行各种通信，本协议设置数据将使用的文件寄存器为"R32700～R32708"。文件寄存器是数据寄存器的扩展软元件，点数为 R0～R32767。

2. 以太网通信时

使用由距离测量仪器公司提供的协议设置数据"fb-awhfreqrol_EN.tpx"。通过使用本协议设置数据，可与距离测量仪器进行以太网通信。

1）将协议设置数据"fb-awhfreqrol_EN.tpx"登录至 CPU 模块。

2）登录协议设置数据，如图 10-21 所示。

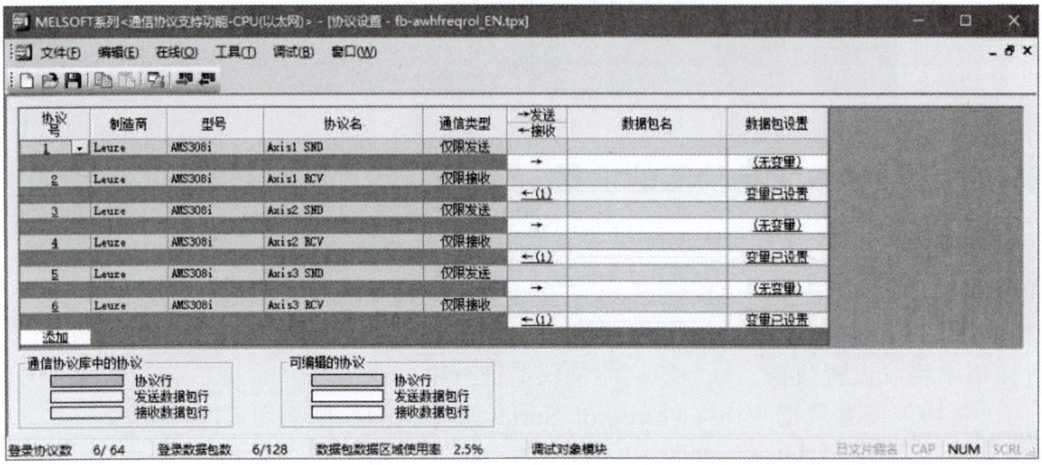

图 10-21 以太网协议数据设置

另外，还需要设置变频器和距离测量仪器的参数，请参照手册执行，此处不再阐述。

任务 10.2 构建陶瓷厂设备监控多网络系统

任务描述

新型陶瓷厂网络系统包括设备监控系统、生产管理系统、质量管理系统和能源监控系统，如图 10-22 所示。为优化企业生产制造管理模式，强化过程管理和控制，达到精细化管理目的，设计了多网络系统，能加强各生产部门的协同办公能力，提高工作效率，降低生产成本；能对生产数据及时准确地统计分析，避免人为干扰，促使企业管理标准化；能实时掌控计划调度、质量工艺、装置运行等信息情况，使各相关部门及时发现问题和解决问题。多层网络系统最终利用 MES⊖ 系统建立起规范的生产管理信息

⊖ MES：Manufacturing Execution System，制造执行系统。它是一套面向制造企业车间执行层的生产信息化管理系统，可以为企业提供包括制造数据管理、计划排程管理、生产调度管理、库存管理、质量管理、人力资源管理、工作中心/设备管理等多项管理模块。通过这些管理模块对整个车间制造过程进行优化管理，从而提高生产效率和质量。

平台，使企业内部现场控制层与管理层之间的信息互联互通，以此提高企业核心竞争力。本任务以三套一样的硬件设备为多网络系统的管理站和常规站，展示设备监控系统中多网络系统构建实施过程，引导学习者学会多网络系统配置、配线、参数设置步骤，能使用专用指令无缝地向不同网络上的站点执行瞬时传输，以及用工程工具进行诊断的方法。

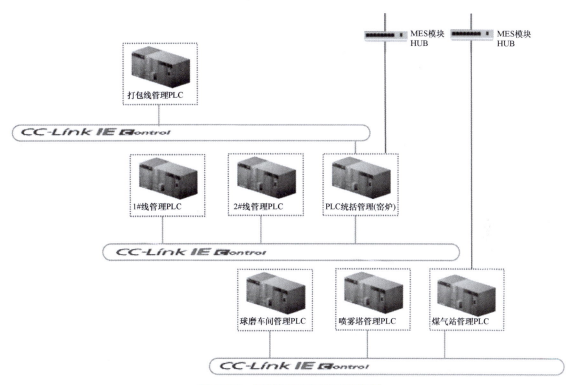

图 10-22　新型陶瓷厂网络系统简图

技能学习

以下演示多网络系统的构建，并进行通信是否正常的验证。

10.2.1　系统配置

多网络系统配置如图 10-23 所示，有两个 CC-Link IE Control 控制网络，管理站（1Mp1）与常规站（1Ns2、2Ns2）的模块被安装到基板的插槽 3 中，管理站（2Mp1）的 CC-Link IE Control 控制网络模块被安装到基板的插槽 4 中。

用户可以设置通信路由以执行到不同网络中站的瞬时传输。此设置不支持动态路由的网络模块，需要清楚地指定通信路由。

使用网络号 1 的站（A）Read 指令读取网络号 2 的站（C）的 D100 当前值，并用网络号 1 的站（A）的 D10 显示读取的值。

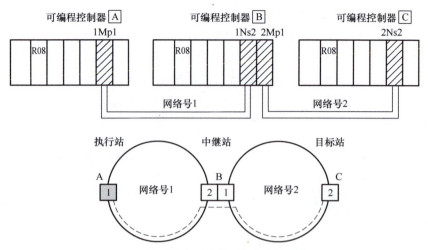

图 10-23 新型陶瓷厂设备监控多网络系统配置

记号形式如图 10-24 所示。

图 10-24 记号形式

例如：

1）网络号 3，管理站，站号 6，则为 3Mp6。
2）网络号 5，常规站，站号 3，则为 5Ns3。

10.2.2 配线

将光纤从 OUT 连接器连接到 IN 连接器，如图 10-25 所示。

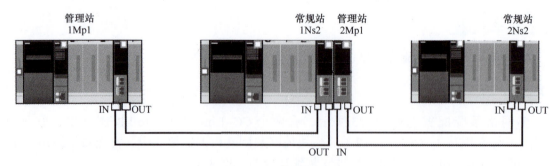

图 10-25 多网络配线

10.2.3 参数设置

1. 网络配置

选用可编程控制器 R08CPU 和网络模块 RJ71GP21-SX 进行配置。执行站（管理站 1Mp1）和目标站（常规站 2Ns2）网络模块配置如图 10-26 所示。

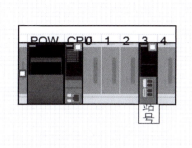

图 10-26　执行站和目标站网络模块配置

中继站（1Ns2、2Mp1）网络模块配置如图 10-27 所示。

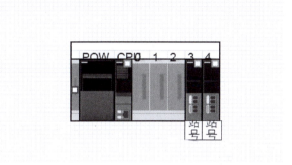

图 10-27　中继站网络模块配置

2. 网络模块参数设置

1）可编程控制 A（管理站 1Mp1）设置如图 10-28 所示。

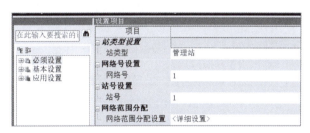

图 10-28　管理站 1Mp1 网络模块参数设置

2）可编程控制 B（中继站 1Ns2）设置如图 10-29 所示。

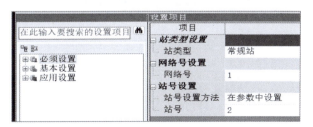

图 10-29　中继站 1Ns2 网络模块参数设置

可编程控制 B（中继站 2Mp1）设置如图 10-30 所示。

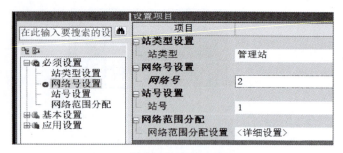

图 10-30　中继站 2Mp1 网络模块参数设置

3）可编程控制 C（常规站 2Ns2）设置如图 10-31 所示。

图 10-31　常规站 2Ns2 网络模块参数设置

3. 网络范围分配设置

所有控制站通用，如图 10-32 所示。

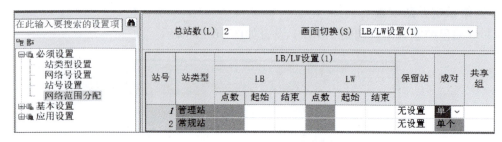

图 10-32　网络范围分配设置

4. 刷新设置

1）可编程控制 A（管理站 1Mp1）设置如图 10-33 所示。

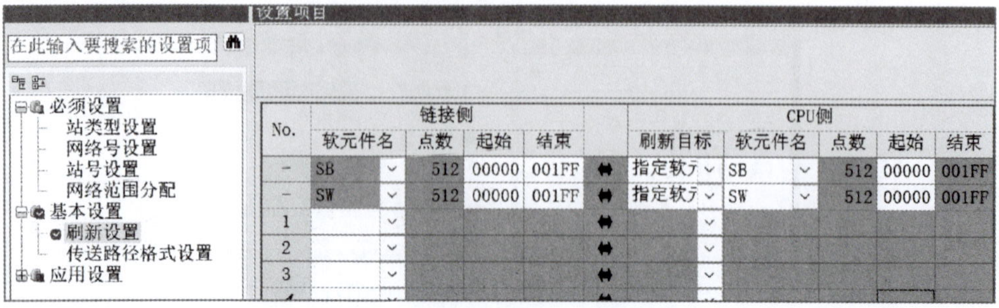

图 10-33　管理站 1Mp1 刷新设置

项目 10 综合网络应用

2）可编程控制 B（中继站 1Ns2）设置如图 10-34 所示。

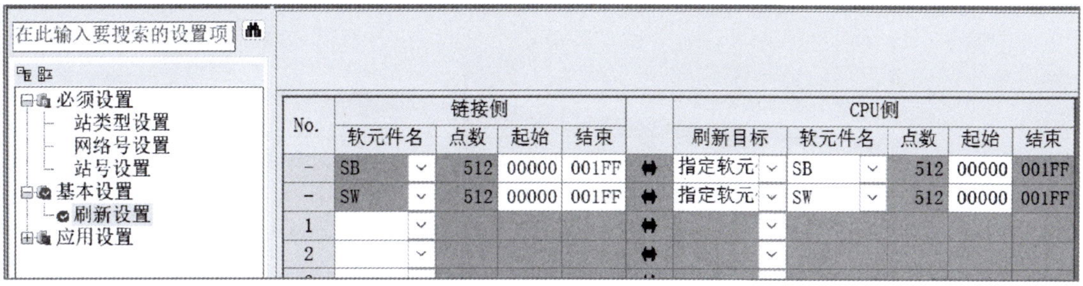

图 10-34 中继站 1Ns2 刷新设置

可编程控制 B（中继站 2Mp1）设置如图 10-35 所示。

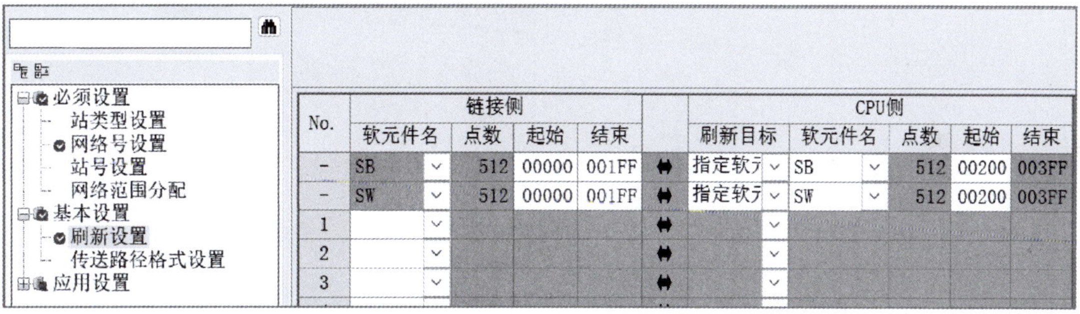

图 10-35 中继站 2Mp1 刷新设置

3）可编程控制 C（常规站 2Ns2）设置如图 10-36 所示。

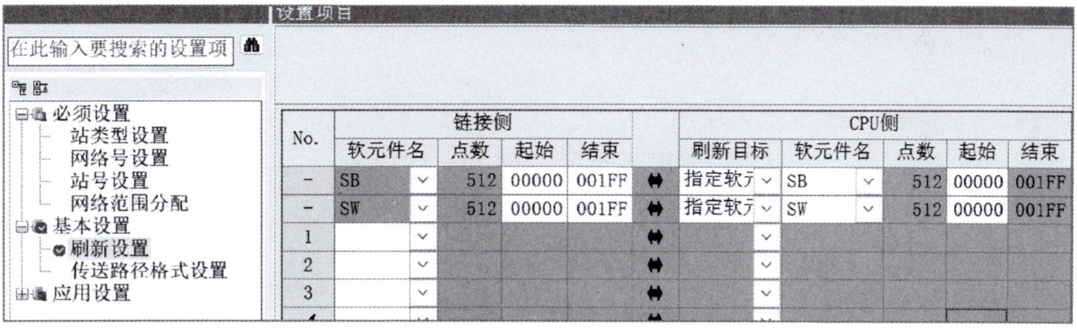

图 10-36 常规站 2Ns2 刷新设置

10.2.4 程序编写

以下显示了每个工作站的序列程序。在这些程序中，链接错误检测程序被省略。
可编程控制器 A 的程序（执行站）如图 10-37 所示。

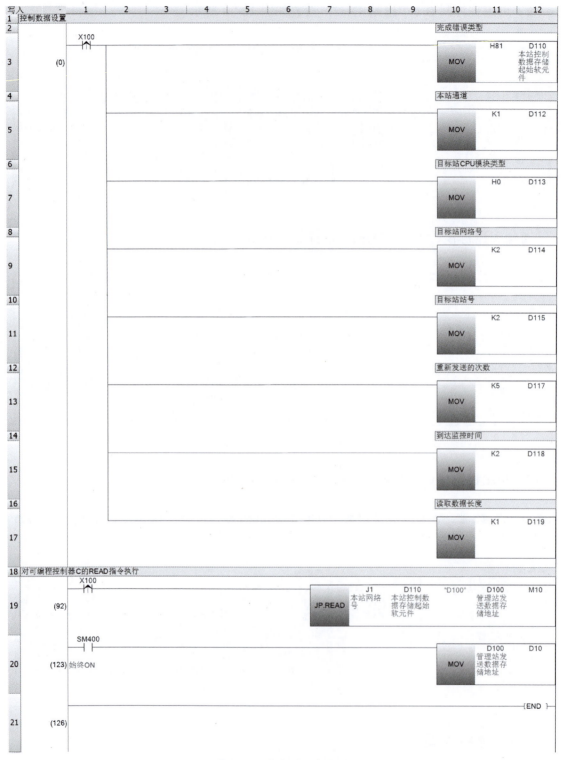

图 10-37　执行站程序编写

可编程控制器 C 的程序（目标站）如图 10-38 所示。

项目 10　综合网络应用

图 10-38　目标站程序编写

本项目小结

1.综合网络系统有 1∶N 和 N∶N 两种类型。1∶N 是网络中只有 1 台主 PLC，其他都是从机。N∶N 则是同位通信，多个 PLC 之间的通信。

2.多网络系统是指通过中继站连接多个网络系统。

3.循环传送只能在同一个网络内进行通信，瞬时传送可以向不同网络传送。

4.星形连接与线形连接可以混合在一起，但环形连接不可以与星形连接或线形连接混合在一起。

1.主从总线通信方式是（　　）通信方式。

A. N∶N 网络　　　B. 1∶N 网络

2.循环传送时只能在（　　）网络内进行通信。

A. 同一　　　　　B. 不同

3.瞬时传送可以在（　　）网络内进行多层级通信。

A. 同一　　　　　B. 不同

4.FX5 可编程控制器以 RS-485 接口串行方式通信时，硬件连接方式有（　　）。（多选）

　A. 内置 RS-485 接口

　B. 添加 FX5-485ADP

　C. 添加 FX5-485-BD

5.多网络表述中 3Mp6 表示（　　）。

A. 网络号 6、常规站站号 3

B. 网络号 3、管理站站号 6

参 考 文 献

［1］ CC-Link IE TSN 远程 I/O 模块用户手册（CC-Link IE TSN 通信模式篇）.
［2］ MELSEC iQ-R CC-Link IE TSN 用户手册（入门篇）.
［3］ MELSEC iQ-R CC-Link IE TSN 用户手册（应用篇）.
［4］ MELSEC iQ-F FX5 User's Manual（CC-Link IE TSN）.
［5］ MELSENSOR Code Reader Setting Guide.
［6］ MELSEC iQ-F FX5 用户手册（CC-Link IE TSN 篇）.
［7］ MELSEC iQ-F FX5 用户手册（MODBUS 通信篇）.
［8］ MELSEC iQ-F FX5 用户手册（串行通信篇）.
［9］ MELSEC iQ-F FX5 用户手册（SLMP 篇）.
［10］ MELSEC iQ-F FX5 用户手册（CC-Link 篇）.
［11］ MELSEC iQ-R 以太网 /CC-Link IE 用户手册（入门篇）.
［12］ MELSEC iQ-R CC-Link IE 控制网络用户手册（应用篇）.
［13］ MELSEC iQ-R CC-Link IE 现场网络用户手册（应用篇）.